国家自然科学基金面上项目(11871123)资助
国家自然科学基金面上项目(71671184)资助
国家自然科学基金青年科学基金项目(11701554)资助

具有临界指数的几类分数阶椭圆方程解的存在性、多解性与集中性

金　花　著

中国矿业大学出版社
·徐州·

内 容 提 要

本书主要研究具有临界指数的几类分数阶椭圆方程解的存在性、多解性及解的集中性.主要内容包括四部分:第一部分,在没有单调性条件和(AR)条件下,研究了具有临界指数增长的分数阶 Schrödinger 方程基态解的存在性;第二部分,研究了临界情况下分数阶奇异扰动问题解的存在性和集中性;第三部分,研究了具有临界指数的分数阶 Kirchhoff 方程解及多解的存在性;第四部分,研究了具有 Hardy-Littlewood-Sobolev 临界指数的分数阶 Choquard 方程基态解的存在性.

本书可供理工科类院校相关的教师和研究生阅读,也可供利用变分法研究微分方程解的存在性和集中性等方面的科研人员参考.

图书在版编目(CIP)数据

具有临界指数的几类分数阶椭圆方程解的存在性、多解性与集中性 / 金花著. — 徐州 : 中国矿业大学出版社, 2024.4

ISBN 978-7-5646-6183-0

Ⅰ. ①具… Ⅱ. ①金… Ⅲ. ①微分方程解法—研究 Ⅳ. ①O175.1

中国国家版本馆 CIP 数据核字(2024)第 054418 号

书　　名　具有临界指数的几类分数阶椭圆方程解的存在性、多解性与集中性
著　　者　金　花
责任编辑　张　岩
出版发行　中国矿业大学出版社有限责任公司
　　　　　　(江苏省徐州市解放南路　邮编 221008)
营销热线　(0516)83885370　83884103
出版服务　(0516)83995789　83884920
网　　址　http://www.cumtp.com　**E-mail**:cumtpvip@cumtp.com
印　　刷　苏州市古得堡数码印刷有限公司
开　　本　787 mm×1092 mm　1/16　**印张** 7　**字数** 137 千字
版次印次　2024 年 4 月第 1 版　2024 年 4 月第 1 次印刷
定　　价　30.00 元

前 言

分数阶微分方程是近年来非常活跃的一个研究领域，具有深刻的物理背景和丰富的理论内涵，与几何学、泛函分析、量子力学、概率论等分支有着十分紧密的联系.相对局部微分方程问题的研究，非局部微分方程问题的处理要变得更加困难.自从 Caffarelli 和 Silvestre 引入了分数阶拉普拉斯算子的扩展定义之后，分数阶方程的正则性、极值原理等基本性质才得以建立，从而为各种非线性分析工具的引入打下了基础.

本书主要研究具有临界指数的几类分数阶椭圆方程解的存在性、多解性及解的集中性.具体如下：

第一部分，在没有单调性条件和 Ambrosetti-Rabinowitz 条件[简称(AR)条件]下，研究了具有临界指数增长的分数阶薛定谔方程基态解的存在性.采用单调性技巧，利用辅助方程构造了原问题有界的 Palais-Smale 条件[简称(PS)序列]，通过有界(PS)序列的分解获得紧性，完成了基态解的存在性证明.

第二部分，研究了临界情况下分数阶奇异扰动问题解的存在性和集中性.通过截断技巧，利用全空间上 Morse 迭代得到极限问题基态解集的一致无穷模估计，将临界问题转化为次临界问题，再利用次临界问题解的存在性和集中性，得到临界奇异扰动问题解的存在性和集中性.

第三部分，研究了具有临界指数的分数阶 Kirchhoff 方程解及多解的存在性.由于 kirchhoff 项的出现，当维数 $N>4s$ 时，山路结构不成立且(AR)条件不成立，本书利用扰动的方法得到有界的(PS)序列，进而证明解的存在性及随参数变化的渐近行为；另外，利用截断函数法、集中紧原理和环绕定理，得到一类临界分数阶 Kirchhoff 方程的多解性.

第四部分，研究了具有 Hardy-Littlewood-Sobolev 临界指数的分数阶 Choquard 方程基态解的存在性.通过 Hardy-Littlewood-Sobolev 临界最佳嵌入的达到函数，得到了临界问题最低能量的上界估计.利用逼近的思想，得到了临界问题有界(PS)序列，通过分解引理和紧性引理得到了临界问题非负径向对称基态解的存在性.

在本书的编写过程中，中国矿业大学刘文斌教授、陈太勇副教授以及重庆交通大学张建军教授提出了大量宝贵的意见，在此表示诚挚的谢意.本书参考了相关的国内外有关整数阶和分数阶微分方程解的存在性方面的研究成果，在此谨向参考文献的作者表示感谢.

本书内容涉及偏微分方程、分数阶微分方程等学科，由于作者学识有限，书中难免会存在不足之处，敬请广大读者和同行批评指正.如果本书能起到抛砖引玉的作用，作者将不胜欣慰！

著者

2022 年 9 月

目　录

1 绪 论

1.1 选题背景及意义

分数阶微分方程具有深刻的物理背景和丰富的理论内涵，与几何学、泛函分析、量子力学、概率论、数理金融等分支有着十分紧密的联系，近年来受到了很大的关注.分数阶微分方程(包括分数阶偏微分方程、分数阶常微分方程、分数阶积分方程)指含有分数阶导数或分数阶积分的方程，分数阶微分方程在描述一些具有记忆性或非局部性质的过程或材料时比整数阶微分方程模型更有优势.目前，分数阶拉普拉斯算子$(-\Delta)^s$受到了广泛的关注，不仅在于它重要的理论意义，还在于其应用价值，它起源于描述应用科学领域的各种现象，比如说薄障碍问题[1-2]、相变现象[3-4]、马尔科夫过程[5]和分数量子力学[6]等.

反常扩散现象在自然科学和社会科学中大量存在.事实上，许多复杂的动力系统通常都包含着反常扩散.这些系统现在已经大量地出现在物理、化学、工程、地质、生物、经济、气象等许多实际问题中.在描述这些复杂系统时，分数阶动力学方程通常是一种有效的方法.在具有或者不具有外力场的情形下，反常扩散过程已有大量的研究结果，如分数阶布朗运动，可以追溯到 Benoit Mandelbrot[7-8]，又如连续时间随机游走模型等.对于反常扩散，不同的连续时间随机游走模型可以由特征等待时间和跳跃长度变差是否有限或者发散共同决定，常见的特殊形式为分数时间随机游走和 Lévy 飞行(其中跳跃长度满足 Lévy 分布)，Lévy 飞行描述的是扩散速度超线性的扩散模型，可得如下分数阶扩散方程[9]：

$$\frac{\partial u(t,x)}{\partial t}=\frac{\partial^\alpha u(t,x)}{\partial |x|^\alpha}$$

式中，t 为时间；u 是描述状态的某个物理量.在$\mathbb{R}^N$中，利用傅里叶变换性质，在文献[10]中，作者直接将该导数定义为：

$$\frac{\partial^{\alpha}}{\partial |x|^{\alpha}} := -(-\Delta)^{\alpha/2}$$

从数学的角度，利用傅里叶变换，这种定义也是合理且直观的.$L^1(\mathbb{R}^N)$中傅里叶变换$\mathcal{F}$定义为：

$$\mathcal{F}(u)(\xi) = (2\pi)^{-\frac{N}{2}} \int_{\mathbb{R}^N} u(x) \mathrm{e}^{-\mathrm{i}x\xi} \mathrm{d}x$$

式中，$\mathbb{R}^N$ 为 N 维实向量空间；ξ 是描述状态的某个物理量.

傅里叶逆变换$\breve{\mathcal{F}}$定义为：

$$\breve{\mathcal{F}}(u)(x) = (2\pi)^{-\frac{N}{2}} \int_{\mathbb{R}^N} u(\xi) \mathrm{e}^{\mathrm{i}x\xi} \mathrm{d}\xi$$

设 S 为速降函数空间[11]：

$$S = \{u \in C^{\infty}(\mathbb{R}^N) \mid \forall \alpha, \beta \in \mathbb{Z}_+^N, |x^{\beta} D^{\alpha} u| \leqslant M_{\alpha\beta}, \forall x \in \mathbb{R}^N\}$$

这里 $M_{\alpha\beta}$ 表示一个正常数.由于 $S \subset L^1(\mathbb{R}^N)$，对 $\forall u \in S$，由 S 上傅里叶变换的性质[参考文献 11，定理 2.26]，有：

$$\breve{\mathcal{F}}\mathcal{F}(u) = u \tag{1.1}$$

而在空间 $L^2(\mathbb{R}^N)$上，可以利用线性算子的扩张定义傅里叶变换，并且式(1.1)也成立.拉普拉斯算子 Δ 定义为：

$$\Delta u = \frac{\partial^2 u}{\partial x_1^2} + \frac{\partial^2 u}{\partial x_2^2} + \cdots + \frac{\partial^2 u}{\partial x_N^2}$$

假设 $\Delta u \in L^2(\mathbb{R}^N)$，通过傅里叶变换可得：

$$\mathcal{F}(\Delta u)(\xi) = -|\xi|^2 \mathcal{F}(u)(\xi) \tag{1.2}$$

再利用傅里叶逆变换，$\breve{\mathcal{F}}\mathcal{F}(\Delta u) = \Delta u$.由此可见，利用傅里叶变换，将算子 Δ 的定义从求偏导的角度转换成了积分的形式，然而这种定义的方式却更具有推广性.如果提出这样一个问题，在式(1.2)中，$-|\xi|^2$ 取成更为一般的$-|\xi|^{2s}$ $(s \in \mathbb{R})$，那么相应函数的傅里叶逆变换是什么算子呢？从上面对于拉普拉斯算子的分析，很自然地就可以引出这样一个分数阶拉普拉斯算子$(-\Delta)^s$ 的定义，即对 u，

$$\mathcal{F}((-\Delta)^s u)(\xi) = |\xi|^{2s} \mathcal{F}(u)(\xi), \xi \in \mathbb{R}^N$$

而这种定义即为一种积分的形式，见本章 1.4 节.

当然，分数阶拉普拉斯算子的定义还可以从概率的角度引出.二阶椭圆算子和扩散过程在偏微分方程和概率论中扮演着重要的角色.事实上，这两者之间本身也存在着紧密的联系.对于定义在 $\mathbb{R}^N$ 上的很大一类二阶椭圆算子$\mathcal{L}$，都存在着一个 $\mathbb{R}^N$ 上的扩散过程 X，使得$\mathcal{L}$是过程 X 的无穷小生成元.对于拉普拉斯算

子 Δ,即为布朗运动满足的随机微分方程 $dX_t = dB_t$ 的无穷小生成元,其中 B 表示布朗运动.考虑 $\mathbb{R}^N$ 上旋转不变的 α 稳态过程 $X=\{X_t : t\geqslant 0, \mathbb{P}_x, x\in\mathbb{R}^N\}$.此时,设 X 为过程且为 Lévy 过程且

$$\mathbb{E}_x[\mathrm{e}^{i\xi}(X_t - X_0)] = \mathrm{e}^{-t|\xi|^\alpha}, \forall x\in\mathbb{R}^N, \xi\in\mathbb{R}^N$$

对此过程,利用生成元的定义推导可得其生成元是 $-(-\Delta)^{\alpha/2}$,其对 u 的作用可以表示为

$$-(-\Delta)^{\alpha/2}u(x) = c\lim_{\varepsilon\to 0}\int_{|y-x|>\varepsilon}\frac{u(y)-u(x)}{|x-y|^{N+\alpha}}\mathrm{d}y \tag{1.3}$$

其中 c 是仅依赖于 N 和 α 的常数.这种奇异积分形式的定义与上述傅里叶变换的定义是等价的,详细可参考文献[12].这里的 $(-\Delta)^{\alpha/2}$ 生成一个 Markov(马尔科夫)的过程 X_t 为对称稳态过程[13-14].分数阶拉普拉斯算子常用来描述复杂的物理现象,特别是涉及大范围的不规则扩散现象,像燃烧现象、动力系统中的错位现象、晶体结构中的紊乱现象等都需要通过带分数阶拉普拉斯算子的非线性方程来描述.此外,这种非局部方程也往往用以模拟非均质体中粒子的扩散和移动,以及液体在某些混杂介质中的扩散现象等[12].更多的关于该算子的应用背景,可参考文献[2-5,15].

由于分数阶算子是一个非局部算子,从而使得分数阶微分方程变成了一个非局部问题,而对于非局部问题,相应的理论还没有完全成熟,所以给研究带来了很大的困难.自从 Caffarelli 和 Silvestre 于 2007 年发表了开创性文章[16]以来,分数阶方程的正则性、极值原理等基本性质才得以建立,从而为各种非线性分析工具的引入打下了基础.近几十年来,数学家越来越青睐于分数阶椭圆方程的研究,如含有物理学背景的分数阶 Schrödinger 方程、分数阶 Kirchhoff 方程、分数阶 Choquard 方程和微分几何学中的非局部曲率问题,非局部极小曲面理论及其相关问题[17].

下面分三个方面介绍几类含有分数阶拉普拉斯算子的分数阶椭圆方程的研究背景和意义.

1.1.1 分数阶 Schrödinger 方程

在经典的量子力学中,在不依赖时间的势场 $V(x)$ 中运动的粒子满足的 Schrödinger 方程为:

$$i\hbar\varphi_t + \hbar^2\Delta\varphi - V(x)\varphi + f(x,\varphi) = 0, \quad (x,t)\in\mathbb{R}^N\times\mathbb{R} \tag{1.4}$$

其中 $\hbar$ 是 Plank 常数,是一个非常小的物理量;i 为虚数单位;$\varphi(r,t)$ 是描述微

观粒子的量子态波函数.Schrödinger 方程是量子力学中的一类基本方程,它将物质波与波动方程相结合,描述了微观物质在空间中具有概率分布特征的运动状态.该方程在量子力学中的重要性与牛顿方程在经典力学中的地位相当,许多数学物理问题,如源于非线性源的非线性扩散理论[18]、热力学中的气体燃烧理论[19]、星系的重力平衡理论以及量子场论与统计力学、量子人体的波函数研究,都与方程(1.4)有着极大的渊源.国内外很多学者对此类方程进行了解的存在性研究,如文献[20-30]等.在数学内部的许多数学分支,如几何中的 Yamabe 问题[31],调和分析中 Hardy-Littlewood-Sobolev 不等式,等周不等式,Yang-Mills[32] 泛函的非极小解的存在性,也都与方程(1.4)有着极大的联系.

方程(1.4)是在考虑布朗型的路径积分的基础上得到的,如果将其换为 Lévy 型的量子力学路径时,则可得如下分数阶 Schrödinger 方程:

$$i\hbar\varphi_t-\hbar^2(-\Delta)^s\varphi-V(x)\varphi+f(x,\varphi)=0,\quad (x,t)\in\mathbb{R}^N\times\mathbb{R}\tag{1.5}$$

其中$(-\Delta)^s(0<s<1)$为分数阶拉普拉斯算子.方程(1.5)形如

$$\varphi(x,t)=e^{-iwt/\hbar}u(x),w\in\mathbb{R}\tag{1.6}$$

的解称为驻波解.如果非线性项 f 满足:$f(x,\exp(i\theta)v)=\exp(i\theta)f(x,v)$,$x\in\mathbb{R}^N$,$\theta,v\in\mathbb{R}$,则 $\varphi(x,t)$为方程(1.5)的驻波解当且仅当 u 满足:

$$\hbar^2(-\Delta)^s u+(V(x)-w)u=f(x,u),x\in\mathbb{R}^N\tag{1.7}$$

另外,如果 $\hbar\to0$,方程(1.7)所对应的问题在量子力学中被称为半经典状态,其描述的是量子力学与经典力学的中间过程[33],是量子力学的研究热点.对方程(1.7)解的存在性研究,以及奇异扰动问题中方程(1.7)解的集中现象,也是数学工作者研究的热点问题.

1.1.2 分数阶 Kirchhoff 方程

1883 年,Kirchhoff[34]将经典的弹性弦自由振动的 D'Alembert(达朗贝尔)波动方程推广到了如下的 Kirchhoff 方程:

$$\rho\frac{\partial^2u}{\partial t^2}-\left(\frac{\rho_0}{h}+\frac{E}{2L}\int_0^L\left|\frac{\partial u}{\partial x}\right|^2dx\right)\frac{\partial^2u}{\partial x^2}=0$$

式中,ρ 是质量密度;ρ_0 是初始张力;h 是横截面的面积;E 是材料的杨氏模量;L 是弦的长度.Kirchhoff 模型考虑了由横向振动引起的弦的长度变化,其一个典型的特点是含有非局部项 $\int_0^L\left|\frac{\partial u}{\partial x}\right|^2$,导致该方程不是点点都成立,从而成为

一个非局部问题.该非局部问题越来越受到人们重视,它可以用来描述种群密度的扩散,此时扩散系数不仅仅依赖于局部的种群密度,而且还依赖于整个区域上种群的密度[35].自从 Lions[36] 提出了这类问题的理论框架,Kirchhoff 型问题才引起了许多学者的关注,见文献[37-41]等.

在文献[42]中,作者考虑了张力的非局部特性,该特性是由绳的分数维长度的非局部测度引起的,从而将经典的 Kirchhoff 方程推广到了如下分数阶 Kirchhoff 方程:

$$M\left(\int_{\mathbb{R}^N} |(-\Delta)^{\frac{s}{2}} u|^2\right)(-\Delta)^s u + f(x,u) = 0 \tag{1.8}$$

其中 $M(t)=a+bt$.而在 M 取其他不同表达式的情况下,很多文献在 f 满足次临界和临界条件下得到了解及解的多重性结果,但是主要工作都是在空间维数较低情况下讨论的,如文献[43-48]等.

注 1.1 在 $M(t)=a+bt$ 中取 $b=0$ 时,方程(1.8)就退化为分数阶 Schrödinger 方程.

1.1.3 分数阶 Choquard 方程

分数阶 Choquard 方程是一类典型的非局部椭圆方程:

$$\begin{cases} (-\Delta)^s u + u = (I_\alpha * F(u)) f(u), & x \in \mathbb{R}^N \\ u(x) \to 0, & |x| \to \infty \end{cases} \tag{1.9}$$

这里 $\alpha \in (0,N)$, $F(u)=\int_0^u f(t)\mathrm{d}t$,$I_\alpha:\mathbb{R}^N \to \mathbb{R}$ 为 Riesz 位势,定义为

$$I_\alpha(x) = \frac{A_\alpha}{|x|^{N-\alpha}}$$

其中 $A_\alpha = \dfrac{\Gamma(\frac{N-\alpha}{2})}{\Gamma(\alpha/2)\pi^{N/2}2^\alpha}$,$\Gamma$ 为伽马函数.该方程的非局部性体现在分数阶算子 $(-\Delta)^s$ 以及非线性项 $I_\alpha * F(u)$,即函数 F 的 Riesz 位势.全空间 $\mathbb{R}^N$ 上函数 f 的 Riesz 位势定义为:

$$(I_\alpha * f)(x) = A_\alpha \int_{\mathbb{R}^N} |x-y|^{-N+\alpha} f(y)\mathrm{d}y$$

Choquard 方程具有深刻的物理意义,较早的要追溯到 1937 年,Fröhlich 利用如下形式的 Choquard-Pekar 方程来描述极化子模型,

$$-\Delta u + u = (I_2 * |u|^2)u, x \in \mathbb{R}^3 \tag{1.10}$$

其中 $s=1,N=3,\alpha=2,F(s)=s^2/2$.该模型描述了自由电子在离子晶格中与晶格变形相关的声子相互作用，或者与其在媒介上产生的极化相互作用[49-50]. 1976 年，在文献[51]中，Lieb 利用方程(1.10)将陷入其自身孔中的电子描述为近似于 Hartree-Fock 理论中一个组件的等离子体.方程(1.10)也称为非线性 Hartree 方程，从这个角度讲，如果 u 是(1.10)的解，那么 $\Psi(x,t)=e^{it}u(x)$ 就是如下依赖时间的 Hartree 方程的孤波解，

$$i\Psi_t=-\Delta\Psi-(I_2*\Psi^2)\Psi,(t,x)\in(\mathbb{R}^+\times\mathbb{R}^3)$$

对方程(1.10)解的研究中，Lieb[51]首次给出了方程(1.10)正解的存在性和唯一性.之后，Lions[52-53]利用变分法讨论了其多解性.

当右端 $f(u)=|u|^{p-2}u$ 时，可得如下更一般的 Hartree 方程或者 Choquard-Pekar 方程[54]，

$$\begin{cases}-\Delta u+u=(I_\alpha*|u|^p)|u|^{p-2}u, & x\in\mathbb{R}^N\\ u(x)\to 0, & |x|\to\infty\end{cases}\tag{1.11}$$

当 $\alpha=2,N\geqslant 3$ 时，若 u 是方程(1.11)的解，则 $(u,v)=(u,I_\alpha*|u|^p)$ 满足以下方程组

$$\begin{cases}-\Delta u+u=v|u|^{p-2}u, & x\in\mathbb{R}^N\\ -\Delta v=|u|^p, & x\in\mathbb{R}^N\\ u(x)\to 0, & |x|\to\infty\\ v(x)\to 0, & |x|\to\infty\end{cases}\tag{1.12}$$

此时这两个方程都是局部的.式(1.12)也称为 Schrödinger-Newton(薛定谔-牛顿)方程或者 Schrödinger-Poisson(薛定谔-泊松)方程，也即量子力学的方程与非相对论的牛顿引力的对偶.这种系统可以描述玻色星系以及标量场暗黑物质的星系波动的崩溃[55-57].在文献[54]中，Pekar 猜测 Pekar 极子的基态水平可由布朗运动的特点刻画，此猜测后来被 Donsker 和 Varadhan 证实[58-59].若将布朗运动由 Lévy 飞行来刻画，则可得到一般形式的分数阶 Choquard 方程(1.9).

下面分四个部分介绍目前研究的几个分数阶热点问题的研究现状.

1.2 研究现状

1.2.1 分数阶 Schrödinger 方程

在分数阶 Schrödinger 方程

$$(-\Delta)^s u + V(x)u = f(x,u), x \in \mathbb{R}^N \tag{1.13}$$

解的研究中，由于分数阶算子的出现，很多适用于整数阶的分方法和技巧都无法直接应用.在 2007 年，Caffarelli 和 Silvestre[16] 开创性地将分数阶算子表达为半空间 $\mathbb{R}_+^{N+1}$ 上一类退化椭圆边值问题对应的 Dirichlet-Neumann 映射，由于 Dirichlet-Neumann 映射是一个局部问题，很多变分技巧就可以应用，出现了大量的研究结果[60-75].

当 $f(x,u)=f(u)$ 时，得到如下分数阶 Schrödinger 方程，

$$(-\Delta)^s u + V(x)u = f(u), x \in \mathbb{R}^N \tag{1.14}$$

关于其基态解的研究，在势函数及非线性项满足不同条件下，得到了丰富的结果[63-64,70-75].在文献[72]中，Chang 和 Wang 讨论了次临界条件下自治问题

$$(-\Delta)^s u = g(u), x \in \mathbb{R}^N \tag{1.15}$$

基态解的存在性，即在方程(1.14)中势函数取为常数.其中对非线性项 g 要求满足如下的 Berestycki-Lions 型条件：

(G_{11}) $g \in C^1(\mathbb{R}, \mathbb{R}), g(0)=0$,

(G_{12}) 存在 $\mu_1 > 0, \mu_2 > 0$，使得

$$-\infty < -\mu_1 \doteq \liminf_{t\to 0^+} g(t)/t \leqslant \limsup_{t\to 0^+} g(t)/t \doteq -\mu_2$$

(G_{13}) $-\infty < \limsup_{t\to +\infty} g(t)/t^{2_s^*-1} \leqslant 0$,

(G_{14}) 存在 $\zeta > 0$，使得 $G(\zeta) = \int_0^\zeta g(t)\mathrm{d}t > 0$,

其中 $2_s^* = \dfrac{2N}{N-2s}$ 为分数阶问题的临界指数，$g \in C^1$ 是希望得到解的较好的正则性，从而保证使得 Pohozǎev 等式成立，(G_{13})即为次临界条件.

同样在次临界情况下，当势函数为径向对称时，利用 Struwe-Jean 的单调性技巧，Secchi 在文献[73]中讨论了问题(1.14)在分数阶径向对称空间 $H_r^s(\mathbb{R}^N)$ 中解的存在性，其中非线性项 f 满足的条件为：

(f_{11}) $f\in C^{1,\gamma}(\mathbb{R},\mathbb{R})$，$\gamma>\max\{0,1,-2s\}$且 f 是奇函数，

(f_{12}) $-\infty<\liminf_{t\to 0^+} f(t)/t\leqslant\limsup_{t\to 0^+} f(t)/t=-m<0$，

(f_{13}) $-\infty<\limsup_{t\to+\infty} f(t)/t^{2_s^*-1}\leqslant 0$，

(f_{14}) 存在 $\zeta>0$，满足 $F(\zeta)=\int_0^\zeta f(t)\mathrm{d}t>0$.

众所周知，Sobolev 嵌入 $H_r^s(\mathbb{R}^N)\mapsto L^q(\mathbb{R}^N)$，$q\in(2,2_s^*)$是紧的[76]，所以对次临界情形，通常的变分方法可以直接用于处理势函数为常数或者为径向对称函数的问题(1.14)基态解的存在性.而对于临界情形，Sobolev 嵌入 $H_r^s(\mathbb{R}^N)\mapsto L^{2_s^*}(\mathbb{R}^N)$非紧，所以相对于次临界情形，临界问题复杂得多.非线性项的(AR)条件是为了保证(PS)序列的有界性，而在利用 Nehari 流形时常需要单调性条件来保证唯一相交性.

在文献[77]中，Yu 等在有界区域上研究了临界情形下一类分数阶拉普拉斯方程基态解的存在性.通过扩展的方法将非局部问题转化为局部问题，利用$(PS)_c$ 条件来代替(PS)条件.在全空间上，Zhang 等利用约束变分的方法，证明了在没有(AR)条件和单调性条件下，临界情形时自治方程(1.15)基态解的存在性[74]，其中 g 满足：

(G_{21}) $g\in C^1(\mathbb{R},\mathbb{R})$，$\lim\limits_{t\to 0}\dfrac{g(t)}{t}=-a<0$，

(G_{22}) $\lim\limits_{t\to\infty}\dfrac{g(t)}{t^{2_s^*-1}}=b>0$，

(G_{23}) 存在 $\mu>0$，$\max\{2_s^*-2,2\}<q<2_s^*$，使得 $g(t)-bt^{2_s^*-1}+at\geqslant\mu t^{q-1}$.
条件(G_{22})意味着问题是临界指数问题，通过 Pohožaev 恒等式可知，条件(G_{23})主要是保证非平凡解的存在性.同样在临界条件下，He 和 Zou 在文献[75]中证明了式(1.14)解的存在性，其中势函数为非常值非径向对称，而非线性项需要满足(AR)条件和单调性条件.那么，临界情形下，势函数为一般非径向对称函数，非线性项不满足(AR)条件和单调性条件下，能否得到基态解的存在性是一个值得我们探讨的问题.

1.2.2 奇异扰动分数阶 Schrödinger 方程

在方程(1.7)中，若取 $\hbar=\varepsilon^2$，得到如下奇异扰动问题

$$\varepsilon^{2s}(-\Delta)^s u+V(x)u=f(u),x\in\mathbb{R}^N \tag{1.16}$$

当 $\varepsilon\to 0$ 时，方程(1.16)所对应的问题在量子力学中被称为半经典状态，其描述

的是量子力学与经典力学的中间过程，是量子力学的研究热点.

当 $s=1$ 时，很多文献在 $V(x)$ 和 f 满足不同条件下，利用 Lyapunov-Schmidt 约化方法、罚函数法等讨论了式(1.16)单峰或多峰解的存在性，其峰值集中在 $V(x)$ 的临界点处(最小值临界点或最大值临界点处)，相关结论可以参考文献[78-83]及其相关参考文献.在这些文献中，所讨论的均为次临界情形，并且 f 要求满足(AR)条件、单调性条件或非退化条件等.为了减弱条件，2007 年，Byeon 和 Jeanjean 在文献[84]中介绍了一种新的罚函数法，在 f 满足 Berestycki-Lions 条件[21](其中 Berestycki-Lions 条件是保证相应极限问题基态解存在的最优条件)下，证明了类似解的集中性态.在临界情况下，Byeon 等[85]研究了 Dirichlet 边值条件下的奇异扰动问题.而在全空间上，Zhang 等[86]得到了临界情况下奇异扰动问题解的存在性，且证明了解集中于势函数的鞍点. Bartsch 等在文献[87,88]中讨论了右端为 $k(x)u^{p-1}$ 的奇异扰动问题解的存在和集中，得到解集中于区域的一个高维子集上.在文献[89]中，作者讨论了一类径向对称的 Schrödinger 方程的半经典状态，得到当 $\varepsilon\to 0$ 时解一致集中在几个球上.曹道明等在文献[90]中讨论了 Yamabe 问题解的集中性.

当 $0<s<1$ 时，由于算子的非局部性，给问题的研究带来了很大的困难.即使在次临界条件下，相关结果也很少.对特殊的 $f(u)=u^p\,(1<p<2_s^*-1)$，Dávila 等在文献[91]中，利用 Lyapunov-Schmidt 约化方法得到了正解的存在性，且当 $\varepsilon\to 0$ 时，解集聚集于 $V(x)$ 的非平凡临界点处或 $V(x)$ 的局部最大值点.同样在次临界情形下，Alves 等[92]在如下条件下，

(f_{21}) $\lim\limits_{t\to 0} f(t)/t=0$，

(f_{22}) 存在 $p\in(1,2_s^*-1)$，使得 $\lim\sup_{t\to\infty} f(t)/t^p<\infty$，

(f_{23}) 存在 $\theta>2$，满足对所有 $t>0$，$0<\theta F(t)\leqslant f(t)t$，其中 $F(t):=\int_0^t f(t)\mathrm{d}t$，

(f_{24}) 当 $t>0$ 时，$\dfrac{f(t)}{t}$ 递增，

得到了方程(1.16)单峰解的存在性.其中(f_{23})，(f_{24})分别是(AR)条件和单调性条件.受文献[84]的启发，在次临界条件下，Seok[93]在如下 Berestycki-Lions 型条件下，

(f_{31}) $f\in C^1(\mathbb{R},\mathbb{R})$，$f(t)=o(t)$，$t\to 0$，

(f_{32}) $\limsup\limits_{t\to\infty} f(t)/t^p<C$，其中 $C>0$，$p\in(1,2_s^*-1)$，

(f_{33}) 存在 $T>0$,使得 $mT^2<2F(T)$,其中 $F(t):=\int_0^t f(t)\mathrm{d}t$.

利用扩展技巧,将问题转化为局部问题,讨论了问题(1.16)的解集性态.更多次临界问题,可参考文献[66,94-95]等.

而对于临界增长情况,同样由于嵌入紧性的缺失,给问题的研究带来很大的困难.He 和 Zou[75] 首先研究了如下临界问题的半经典状态,

$$\varepsilon^{2s}(-\Delta)^s u+V(x)u=g(u)+|u|^{2_s^*-2}u$$

其中 g 要求满足(f_{21}),$(f_{23})\sim(f_{24})$中 f 的条件.

$(f_{22})'$存在 $q,\sigma\in(2,2_s^*)$,$C_0>0$ 使得

$$g(t)\geqslant C_0 t^{q-1},\ \forall\, t\geqslant 0,\lim_{t\to\infty}g(t)/t^{\sigma-1}=0$$

从条件可见,非线性项满足(AR)条件、单调性条件和超二次条件$(f_{22})'$.

1.2.3 分数阶 Kirchhoff 方程

考虑如下分数阶 Kirchhoff 方程,

$$\left(a+b\int_{\mathbb{R}^N}|(-\Delta)^{\frac{s}{2}}u|^2\mathrm{d}x\right)(-\Delta)^s u+u=f(u),x\in\mathbb{R}^N \qquad (1.17)$$

文献[48]讨论了一类 p-Laplace 分数阶 Kirchhoff 方程解的存在性,其中右端函数 $f=\lambda w(x)|u|^{q-2}u-h(x)|u|^{r-2}u$,当 $w(x)$、$h(x)$满足一定条件下,利用变分法和拓扑度法得到了多解性与参数的关系,并利用亏格讨论了无穷多解的存在性.也是对于右端非线性项具有上述形式的分数阶 Kirchhoff 方程,Pucci 在文献[96]讨论了相关问题的特征值问题,建立了解依赖参数 λ 的相关存在性,多解性和非存在性的结果.

而对于右端是一般非线性项问题解的研究中,Ambrosio 等[97] 在次临界条件下,当满足 Berestycki-Lions 条件时,利用截断技巧和极小极大方法,在 $H_r^s(\mathbb{R}^N)$得到了 b 足够小时多解的存在性.另外,在文献[47]中,作者在没有(AR)条件时,当 b 较小的情况下得到了一类分数阶 Kirchhoff 方程径向对称解的存在性,但是文中要求比(AR)条件较弱的如下极限条件:$\lim\limits_{t\to\infty}\dfrac{f(t)}{t}\to+\infty$,为了得到有界的(PS)序列,该极限条件常与单调性条件结合使用,而该文献中利用了截断的技巧,从而将单调性条件去掉.

而在临界情况下,右端为一般非线性项的问题解的存在性结果较少.当维数 $N=2$、$N=3$ 时,在没有(AR)条件和单调性条件下,Liu 等[98] 利用单调性技巧

和(PS)序列的分解研究了方程(1.17)中势函数为$V(x)$的相应方程基态解的存在性.其中非线性项f满足条件:

(f_{31}) $f\in C^1(\mathbb{R}^+,\mathbb{R}),\lim\limits_{t\to 0}\frac{f(t)}{t}=0,f(t)\equiv 0,t\leqslant 0$,

(f_{32}) $\lim\limits_{t\to 0}f(t)/t^{2_s^*-1}=1$,

(f_{33}) 存在$D>0,p<2_s^*$使得$f(t)\geqslant t^{2_s^*-1}+Dt^{p-1},t\geqslant 0$.

也是在临界条件下,但是在有界区域上,文献[42,43]讨论了一类分数阶Kirchhoff方程解的存在性,得到了解的存在性与参数的关系.

从上面的参考文献可知,在全空间上且维数$N>3$时,临界问题的结果很少,主要困难在于出现了分数阶算子和Kirchhoff两个非局部项及嵌入紧性的缺失.

注 1.2 当$s=1$,方程(1.17)即为经典的Kirchhoff方程

$$-\left(a+b\int_{\mathbb{R}^N}|\nabla u|^2\mathrm{d}x\right)\Delta u+u=f(u),x\in\mathbb{R}^N \tag{1.18}$$

注 1.3 当$a=1,b=0$,方程(1.17)成为如下分数阶Schrödinger方程,

$$(-\Delta)^s u+u=f(u),x\in\mathbb{R}^N \tag{1.19}$$

此方程称为方程(1.17)当$b\to 0$时的极限方程,在方程(1.17)解的研究中起到了很重要的作用.

在方程(1.17)中,对于如下特殊非线性项的方程,

$$\begin{cases}\left(a+b\int_{\mathbb{R}^N}|(-\Delta)^{\frac{s}{2}}u|^2\right)(-\Delta)^s u=\lambda u+\mu|u|^{q-2}u+|u|^{2_s^*-2}u,x\in\Omega,\\ u=0, \qquad x\in\mathbb{R}^N\backslash\Omega\end{cases} \tag{1.20}$$

其解的研究也是热点问题,其中$a,b,\lambda,\mu>0,s\in(0,1)$,$\Omega$是具有Lipschitz边界的有界开区域.在方程(1.20)中,如果取$b=0,\mu=0$,则得到如下的Brezis-Nirenberg问题:

$$\begin{cases}(-\Delta)^s u=\lambda u+|u|^{2_s^*-2}u,x\in\Omega\\ u=0, \qquad x\in\mathbb{R}^N\backslash\Omega\end{cases} \tag{1.21}$$

Servadei等[99]通过山路定理讨论了方程(1.21)当$N\geqslant 4s$,参数$\lambda\in(0,\lambda_{1,s})$时非平凡解的存在性,其中$\lambda_{1,s}$是算子$(-\Delta)^s$在Dirichlet边值条件下的第一特征值.文中也对如下的非局部问题进行了考虑:

$$\begin{cases}-L_K u=\lambda u+|u|^{2_s^*-2}u+f(x,u),x\in\Omega\\ u=0, \qquad x\in\mathbb{R}^N\backslash\Omega\end{cases} \tag{1.22}$$

其中 L_K 为如下非局部算子：

$$L_K(u)(x)=\int_{\mathbb{R}^N}(u(x+y)+u(x-y)-2u(x))K(y)\mathrm{d}y,x\in\mathbb{R}^N$$

若取 $K(x)=|x|^{-(N+2s)}$，那么通过正规化，L_K 即为算子 $(-\Delta)^s$.在文献[100]中，作者继续完善了[99]中的讨论，即在低维空间 $2s<N<4s$ 中做了讨论.在文献[101]中，通过环绕定理，在 f 满足一些适当的条件下，作者得到了对任意 $\lambda>0$，方程(1.22)非平凡解的存在性.在文献[102]中，利用变分法和拓扑度方法，作者讨论了当 $f(x,u)=0$ 时，方程(1.22)解的分歧和解的多重性结果.

而对于左端含有 Kirchhoff 项的问题的研究，目前结果并不多.Fiscell 和 Autuoria 等[42-43]都讨论了如下分数阶 Kirchhoff 方程，当 $M(t)$ 和 L_K 及 $f(x,u)$ 满足某些条件下得到了非负解的存在性和 $\lambda\to 0$ 时渐近行为，

$$\begin{cases}-M(\|u\|^2)L_K u=\lambda f(x,u)+|u|^{2_s^*-2}u, & x\in\Omega\\ u=0, & x\in\mathbb{R}^N\setminus\Omega\end{cases}$$

其中在文献[43]中，若取 $M(t)=a+bt$，则对于非线性项需要满足如下形式的(AR)条件：存在 $\sigma\in(4,2_s^*)$，使得 $\sigma F(x,t)<tf(x,t)$，其中 F 为 f 的原函数.而对于维数 $N>2s$，在没有(AR)条件下方程(1.20)的多解性与参数关系的研究，目前还未见过.

1.2.4 分数阶 Choquard 方程

考虑分数阶 Choquard 方程：

$$\begin{cases}(-\Delta)^s u+u=(I_\alpha * F(u))f(u), & x\in\mathbb{R}^N\\ u(x)\to 0, & |x|\to\infty\end{cases}\tag{1.23}$$

若 $s=1$，右端含有非局部项 $I_\alpha * F(u)$，同样对问题的研究带来较大困难.在 f 满足 Hardy-Littlewood-Sobolev 意义的次临界或临界条件下，很多的学者得到了关于解的存在性、多解存在性、基态解的存在性、解的正则性的结果，相关的结果可参考文献[51-53,55,103-112].

当 $0<s<1$ 时，目前的研究结果较少，主要原因是出现了左端的分数阶算子和右端非局部项 $I_\alpha * F(u)$.现有的结果主要是 Hardy-Littlewood-Sobolev 次临界问题解的研究，比如文献[113]中，在 f 满足 Berestycki-Lions 型条件下，作者构造了 Pohozǎev-(PS)序列，利用集中紧原理得到了方程(1.23)基态解的存在性；文献[114]利用集中紧原理讨论了非自治分数阶 Choquard 方程：

$$\begin{cases}(-\Delta)^s u+u=(1+a(x))(I_\alpha *|u|^p)|u|^{p-2}u, x\in\mathbb{R}^N \\ u(x)\to 0, \quad |x|\to\infty\end{cases}$$

其中，$\lim\limits_{|x|\to\infty}a(x)=0$，$\frac{N-2s}{N+\alpha}<\frac{1}{p}<\frac{N}{N+\alpha}$，得到了基态解的存在性.其中$\frac{1}{p}>\frac{N-2s}{N+\alpha}$即为 Hardy-Littlewood-Sobolev 意义下的次临界条件.文献[115]讨论了上述方程中 $a(x)\equiv 0$ 时基态解的存在性、正则性、渐近性等.在文献[116]中，作者在有界的区域上讨论了 Brezis-Nirenberg 型的分数阶 Choquard 方程多解的存在性.

而对于临界的问题，结果就非常少.文献[117]分别在次临界和临界条件下讨论了如下分数阶方程，

$$\begin{cases}(-\Delta)^s u=(|x|^{\alpha-N}*u^p)u^{p-1}, x\in\mathbb{R}^N \\ u\geqslant 0, \quad x\in\mathbb{R}^N\end{cases}$$

其中 $0<s<1,0<\alpha<2,1\leqslant p<\infty$.当$\frac{N}{N-2s}\leqslant p<\frac{N+\alpha}{N-2s}$，即在次临界条件下，证明了正解的不存在性，而当 $p=\frac{N+\alpha}{N-2s}$，即临界情形时，得到了径向对称正解的存在性，并满足一定的衰减性.该论文中对 α 是限制在$(0,2)$上讨论的，并且右端项是一个特殊的形式 $f(t)=t^p$.那么对于具有一般非线性项的临界问题，α 只要满足 $\alpha\in(0,N)$时，解的存在性研究将是一项非常有意义的工作.

1.3 本书的主要工作

本书利用临界点理论研究几类具有临界指数的分数阶椭圆方程的可解性，得到了一些解、多解和基态解的存在性定理，并对奇异扰动问题讨论了解的集中现象，所得结果推广和完善了一些已有工作，部分结果已经在《Applied Mathematics Letters》《Electronic Journal of Differential Equations》和《Discrete and Continuous Dynamical Systems Series S》等 SCI 源刊上正式发表.我们的工作主要围绕四类分数阶问题展开.

第 2 章研究了分数阶 Schrödinger 方程

$$(-\Delta)^s u+V(x)u=f(u), x\in\mathbb{R}^N$$

在临界条件下基态解的存在性.在没有(AR)条件和单调性条件下，得到了具有

一般势函数的分数阶方程基态解的存在性.

对于临界情况，嵌入 $H_r^s(\mathbb{R}^N)\hookrightarrow L^{2_s^*}(\mathbb{R}^N)$ 缺失紧性，从而(PS)条件往往不成立，所以给问题的研究带来很大的困难.在文献[74]中，作者仅讨论了势函数为常数情况下，临界问题基态解的存在性，而在文献[75]中，作者证明了临界情况下，当非线性项 f 满足单调性条件和(AR)条件时解的存在性.本书采用单调性技巧和有界(PS)序列的分解，讨论了临界条件下，势函数 $V(x)$ 为非常数、非径向对称时，在 f 没有单调性条件和(AR)条件下基态解的存在性，所以我们讨论的方程势函数更一般，而非线性项的条件更弱.

第 3 章研究了临界情况下，在 f 不满足(AR)条件和单调性条件下，分数阶奇异扰动问题

$$\varepsilon^{2s}(-\Delta)^s u+V(x)u=f(u),x\in\mathbb{R}^N$$

解的存在性以及当 $\varepsilon\to 0$ 时解的集中现象.目前对于分数阶扰动问题，已有的结果主要围绕次临界讨论，而临界问题很少.

在文献[75]中，作者首次讨论了临界情形下解的存在性和集中性，其中要求非线性项满足(AR)条件和单调性条件.我们在没有(AR)条件和单调性条件下得到了与文献[75]相同的结论.主要采用截断函数的方法，将临界问题转化为次临界问题，利用次临界问题解的存在性和集中性，结合 Schauder 估计，得到临界问题解的存在性和集中性.

在证明中，需要全空间 $\mathbb{R}^N$ 上极限问题基态解集的一致 L^∞ 模估计，而文献[63]利用 Moser 迭代讨论了有界区域 Ω 上一个解的无穷模估计，所以无法直接运用.我们利用极限问题基态解集的紧性，结合 Moser 迭代获得了一致 L^∞ 模估计.

我们将次临界情形下的结果推广到了临界情形，得到了与文献[75]中临界情形相同的结论，但是没有(AR)条件和单调性条件.

第 4 章首先研究了临界情形下，在没有(AR)条件和单调性条件，维数 $N>2s(0<s<1)$ 情况下，分数阶 Kirchhoff 方程

$$\left(a+b\int_{\mathbb{R}^N}|(-\Delta)^{\frac{s}{2}}u|^2\mathrm{d}x\right)(-\Delta)^s u+u=f(u),x\in\mathbb{R}^N$$

解的存在性和解随参数变化的渐近行为.

临界情形下，由于 Kirchhoff 项的出现，在高维情况下山路结构不成立，所以很多临界点理论中的方法无法应用.在没有(AR)条件和单调性条件下，很难去寻找有界的(PS)序列.我们利用扰动的思想获得了临界问题一个特殊的有界

的(PS)序列,从而得到临界问题解的存在性和解随参数变化的渐近行为.

所得结论突破了对空间维数的要求,即只要求 $N>2s(0<s<1)$,且非线性项的条件也较弱.

其次,研究了如下含参量分数阶 Kirchhoff 方程的多解性,

$$\begin{cases}\left(1+b\int_{\mathbb{R}^N}|(-\Delta)^{\frac{s}{2}}u|^2\right)(-\Delta)^s u=\lambda u+\mu|u|^{q-2}u+|u|^{2_s^*-2}u, & x\in\Omega\\ u=0, & x\in\mathbb{R}^N\setminus\Omega\end{cases}$$

其中 $N>2s$,$s\in(0,1)$,$b,\lambda,\mu>0$,Ω 是具有 Lipschitz 边界的有界开区域.对 $2<q\leqslant\min\{4,2_s^*\}$,我们利用截断方法、集中紧原理和环绕定理证明了如果 b 足够小且 μ 满足一定条件时,上述问题多解的存在性.

所得结论推广了 $s=1$ 时的多解性结论[118],参数 q 满足的范围更广.

第 5 章研究了 Hardy-Littlewood-Sobolev 临界条件下,分数阶 Choquard 方程

$$(-\Delta)^s u+u=[I_\alpha * F(u)]f(u),x\in\mathbb{R}^N \tag{1.24}$$

基态解的存在性,其中 $N>2s$,$\alpha\in(0,N)$,F 是 f 的原函数,I_α 表示 Riesz 势.左端分数阶算子和右端非局部项的出现对解的研究带来较大困难,目前研究结果较少.我们在非线性项不满足(AR)条件和单调性条件时,得到了临界情形下方程基态解的存在性.

在证明过程中为了给出临界情形下最低能量的上界估计,需要 Hardy-Littlewood-Sobolev 临界指数问题的最佳嵌入常数和达到函数,而由于右端含有 Riesz 位势,目前分数阶的相应结果还未出现,我们利用 $D^s(\mathbb{R}^N)$ 到 $L^{2_s^*}(\mathbb{R}^N)$ 最佳嵌入的达到函数,得到了 Hardy-Littlewood-Sobolev 临界嵌入时最佳嵌入的达到函数.

其次,在没有(AR)条件和单调性条件的情况下,利用逼近的思想,即利用次临界基态解集构造临界问题有界的(PS)序列.

为了得到基态解的存在性,采用了逼近的思想,我们给出了一个新的分解引理,从而结合紧性引理获得了(PS)序列的紧性.

1.4 分数阶 Sobolev 空间和临界点理论简介

本节介绍分数阶拉普拉斯算子和分数阶 Sobolev 空间的定义,给出分数阶 Sobolev 空间的嵌入定理.此外介绍临界点理论中的几个基本概念和引理.

1.4.1 分数阶 Sobolev 空间

定义 1.1[12]（分数阶拉普拉斯算子） 设 $s\in(0,1)$，对足够光滑的函数 u：$\mathbb{R}^N\to\mathbb{R}$，$(-\Delta)^s u$ 定义为：

$$\mathcal{F}((-\Delta)^s u)(\xi)=|\xi|^{2s}\mathcal{F}(u)(\xi),\xi\in\mathbb{R}^N \tag{1.25}$$

其中$\mathcal{F}$指傅里叶变换，即

$$\mathcal{F}(\phi)(\xi)=\frac{1}{(2\pi)^{\frac{N}{2}}}\int_{\mathbb{R}^N}\mathrm{e}^{-\mathrm{i}\xi x}\phi(x)\mathrm{d}x\doteq\hat{\phi}(\xi)$$

定义 1.2[12]（分数阶拉普拉斯算子的等价定义 1） 如果 u 足够光滑，$(-\Delta)^s u$ 可以定义为如下的奇异积分，

$$(-\Delta)^s u(x)=-\frac{1}{2}C_{N,s}\int_{\mathbb{R}^N}\frac{(u(x+y)+u(x-y)-2u(x))}{|y|^{N+2s}}\mathrm{d}y,\forall x\in\mathbb{R}^N \tag{1.26}$$

其中

$$C_{N,s}=\left(\int_{\mathbb{R}^N}\frac{1-\cos\xi_1}{|\xi|^{N+2s}\mathrm{d}\xi}\right)^{-1},\xi=(\xi_1,\xi_2,\cdots,\xi_N)$$

定义 1.3[12]（分数阶拉普拉斯算子的等价定义 2） 如果 u 足够光滑，$(-\Delta)^s u$ 可以定义为如下的奇异积分，

$$(-\Delta)^s u(x)=C_{N,s}P.V.\int_{\mathbb{R}^N}\frac{u(x)-u(y)}{|x-y|^{N+2s}}\mathrm{d}y \tag{1.27}$$

其中 $C_{N,s}$是正规化常数，$P.V.$是柯西积分主值.

注 1.4 分数阶拉普拉斯算子$(-\Delta)^s$ 是一个经典的 s 阶线性积分微分算子，主要的特点也是主要的困难在于它的非局部性.

定义 1.4[12]（分数阶 Sobolev 空间） 设 $s\in(0,1)$，分数阶 Sobolev 空间 $H^s(\mathbb{R}^N)$定义为：

$$H^s(\mathbb{R}^N)=\{u\in L^2(\mathbb{R}^N):\int_{\mathbb{R}^{2N}}\frac{(u(x)-u(y))^2}{|x-y|^{N+2s}}\mathrm{d}x\mathrm{d}y<\infty\}$$

其中范数为：

$$\|u\|_{H^s(\mathbb{R}^N)}=\left(\|u\|_2^2+\int_{\mathbb{R}^{2N}}\frac{(u(x)-u(y))^2}{|x-y|^{N+2s}}\mathrm{d}x\mathrm{d}y\right)^{\frac{1}{2}}$$

由文献[12]中命题 3.4 和命题 3.6，

$$\|(-\Delta)^{\frac{s}{2}}u\|_2^2=\int_{\mathbb{R}^N}|\xi|^{2s}|\hat{u}|^2\mathrm{d}\xi=\frac{1}{2}C_{N,s}\int_{\mathbb{R}^{2N}}\frac{(u(x)-u(y))^2}{|x-y|^{N+2s}}\mathrm{d}x\mathrm{d}y$$

为了统一,在上述等式中常把常数 $\frac{1}{2}C_{N,s}$ 去掉.所以, $\| u \|_{H^s(\mathbb{R}^N)}^2 = \| u \|_2^2 + \| (-\Delta)^{\frac{s}{2}} u \|_2^2$.

定义 1.5 空间 $D^s(\mathbb{R}^N)$定义为 $C_0^\infty(\mathbb{R}^N)$关于如下 Gagliardo 范数完备化的空间,

$$\| u \|_{D^s(\mathbb{R}^N)} = \left(\int_{\mathbb{R}^N} | \xi |^{2s} | \hat{u} |^2 \mathrm{d}\xi \right)^{\frac{1}{2}} = \left(\int_{\mathbb{R}^N} | (-\Delta)^{\frac{s}{2}} u |^2 \right)^{\frac{1}{2}}$$

定义 1.6(分数阶径向对称空间)

$$H_r^s(\mathbb{R}^N) = \{ u \in H^s(\mathbb{R}^N) \mid u(x) = u(| x |) \} \tag{1.28}$$

其范数定义同 $H^s(\mathbb{R}^N)$中范数的定义.

下面给出几个重要的嵌入定理,它们在后面讨论方程解的存在性时都起到了重要的作用.

引理 1.1[76] 设 $s \in (0,1)$, $N > 2s$,分数阶 Sobolev 空间 $H^s(\mathbb{R}^N)$连续嵌入到 $L^q(\mathbb{R}^N)$, $q \in [2, 2_s^*]$,且局部紧嵌入到 $L^q(\mathbb{R}^N)$, $q \in [1, 2_s^*)$.径向对称空间 $H_r^s(\mathbb{R}^N)$紧嵌入到 $L^q(\mathbb{R}^N)$, $q \in (2, 2_s^*)$.

引理 1.2[12,119] 设 $s \in (0,1)$, $D^s(\mathbb{R}^N)$连续嵌入到 $L^{2_s^*}(\mathbb{R}^N)$,即存在常数 $S_s > 0$ 满足:

$$(\| u \|_{2_s^*})^{\frac{2}{2_s^*}} \leqslant S_s \| u \|_{D^s(\mathbb{R}^N)}^2$$

其中, S_s 称为临界嵌入时的最佳嵌入常数,即满足:

$$S_s = \inf_{u \in D^s(\mathbb{R}^N), u \neq 0} \frac{\| (-\Delta)^{s/2} u \|_{L^2}^2}{\| u \|_{L^{2_s^*}}^2}$$

且当函数取为

$$u(x) = \kappa \varepsilon^{-\frac{N-2s}{2}} \left(\mu^2 + \left| \frac{x}{\varepsilon S_s^{\frac{1}{2s}}} \right|^2 \right)^{-\frac{N-2s}{2}}$$

时 S_s 可达,其中 $\varepsilon > 0$, $\kappa > 0$.

1.4.2 临界点理论的基本概念和引理

定义 1.7[120](临界点) 设 E 是实 Banach 空间,泛函 $I \in C^1(E, \mathbb{R})$,如果 $u \in E$满足: $I'(u) = 0$,即 $\langle I'(u), \varphi \rangle = 0$, $\forall \varphi \in E$,则称 u 为泛函 I 的临界点,对应临界点处的值 $I(u)$称为临界值.

定义 1.8[120][(PS)条件] 设 $I \in C^1(E, \mathbb{R})$,序列 $\{u_n\} \subset E$ 称为(PS)序列,

如果满足：$I(u_n)$有界，$I'(u_n)\to 0(n\to\infty)$.如果对任意的(PS)序列$\{u_n\}$，都有收敛子列，则称 I 满足(PS)条件.

引理 1.3[120]（Brezis-Lieb 引理） 设 Ω 是 $\mathbb{R}^N$ 的一个开子集，令$\{u_n\}\subset L^p(\Omega)$，$1<p<\infty$.如果

(1) $\{u_n\}$在 $L^p(\Omega)$有界，

(2) 在 Ω 上，$u_n \xrightarrow{\text{a.e.}} u$，$n\to\infty$，

那么有，

$$\lim_{n\to\infty}(\|u_n\|_p^p-\|u_n-u\|_p^p)=\|u\|_p^p$$

2　具有临界指数的分数阶 Schrödinger 方程基态解的存在性

2.1　引言及主要结论

本章研究具有临界指数的分数阶 Schrödinger 方程

$$(-\Delta)^s u + V(x)u = f(u), x \in \mathbb{R}^N \tag{2.1}$$

基态解的存在性，其中 $0<s<1$，$V(x)$ 为非负势函数，$f\in C(\mathbb{R},\mathbb{R})$.在次临界条件下，势函数 $V(x)\equiv V(V>0$ 为常数)，Chang 和 Wang[72] 在 Berestycki-Lions 型条件下，利用 Struwe-Jeanjean 的单调性技巧，在径向对称空间中证明了正的径向对称基态解的存在性.同样在次临界情况下，当势函数 $V(x)=V(|x|)$ 时，Secchi 在文献[73]中讨论了方程(2.1)在分数阶径向对称空间 $H_r^s(\mathbb{R}^N)$ 中解的存在性.

而对于临界情形，Sobolev 嵌入 $H_r^s(\mathbb{R}^N)\hookrightarrow L^{2_s^*}(\mathbb{R}^N)$ 紧性缺失，所以相对于次临界情形，临界问题复杂得多.在文献[74]中，当势函数 $V(x)\equiv V(V>0$ 为常数)，非线性项不满足(AR)条件时，Zhang 和 Squassina 等利用约束极小化的方法得到了基态解的存在性.而对于一般非径向对称的势函数，He 和 Zou[75] 讨论了势函数和非线性项满足某些条件下解的存在性，其中非线性项要满足如下的增长性条件、(AR)条件和单调性条件：

(H_1) 存在 $q,\sigma\in(2,2_s^*)$，$C_0>0$，使得

$$f(t)\geqslant t^{2_s^*-1}+C_0 t^{q-1}, \forall t\geqslant 0, \lim_{t\to\infty}\frac{f(t)-t^{2_s^*-1}}{t^{\sigma-1}}=0$$

(H_2) 存在 $\theta>2$，满足对所有 $t>0$，$0<\theta F(t)\leqslant f(t)t$，其中 $F(t):=\int_0^t f(t)\mathrm{d}t$；

(H_3) 当 $t>0$ 时，$\dfrac{f(t)}{t}$ 递增.

本章讨论临界情形时，在没有(AR)条件和单调性条件下，势函数 $V(x)$ 为非径向对称函数时方程(2.1)基态解的存在性.

本章中非线性项满足如下条件：

(f_1) $f\in C^1(\mathbb{R}^+,\mathbb{R})$ 且 $\lim\limits_{t\to 0}f(t)/t=0$,

(f_2) $\lim\limits_{t\to\infty}f(t)/t^{2_s^*-1}=1$,

(f_3) 存在常数 $D>0$ 和 $p<2_s^*$ 使得 $f(t)\geqslant t^{2_s^*-1}+Dt^{p-1}$, $t\geqslant 0$.

由于讨论正基态解的存在性，所以本章始终假设 $f(t)\equiv 0$, $t\leqslant 0$. 条件 $f\in C^1(\mathbb{R}^+,\mathbb{R})$ 是为了保证解较好的正则性，从而使得 Pohozãev 恒等式成立，条件(f_2)意味着问题是临界指数问题，由 Pohozãev 恒等式可知，条件(f_3)主要是保证非平凡解的存在性.

势函数 $V(x)\in C^1(\mathbb{R}^N,\mathbb{R})$，并且满足：

(V_1) 存在常数 $V_0>0$，使得 $\inf\limits_{x\in\mathbb{R}^N}V(x)\geqslant V_0$,

(V_2) 对所有 $x\in\mathbb{R}^N$, $V(x)\leqslant V(\infty):=\lim\limits_{|x|\to\infty}V(x)<\infty$，其中 $V(x)\not\equiv V(\infty)$,

(V_3) $\|\max\{\langle\nabla V(x),x\rangle,0\}\|_{\frac{N}{2s}}<2sS_s$.

本章主要结论为：

定理 2.1 设 $N>2s$，如果 $\max\{2,2_s^*-2\}<p<2_s^*$，势函数 $V(x)$ 和非线性项 f 满足(V_1)～(V_3)和(f_1)～(f_3)，那么方程(2.1)存在一个正基态解.

注 2.1 本定理将次临界情形下的结果推广到了临界情形，而相比于临界情形下文献[74]讨论的方程，本章讨论的方程含有更一般的势函数；相比于临界情形时文献[75]中的条件，我们的非线性项的条件更弱，没有(AR)条件和单调性条件.

由于临界指数的出现且没有(AR)条件，主要克服的困难在于(PS)序列有界性和紧性的证明. 首先利用单调性技巧，即构造辅助能量泛函：

$$I(u_{\lambda_j})=I_{\lambda_j}(u_{\lambda_j})+(\lambda_j-1)\int_{\mathbb{R}^N}F(u_{\lambda_j}),\lambda_j\to 1,j\to\infty$$

得到 I_{λ_j} 正的临界点 u_{λ_j} 的存在性，同时给出有界的(PS)序列的分解，借此分解得到了 $\{u_{\lambda_j}\}$ 的基本性质以及 $I_{\lambda_j}(u_{\lambda_j})$ 的能量估计. 最后得到 $\{u_{\lambda_j}\}$ 即为问题(2.1)的能量泛函 I 在某个能量上的有界的(PS)序列.

为了证明基态解的存在性，构造了 I 的极小化临界点序列 $\{u_n\}$，证明 $\{u_n\}$ 为 I 在最小能量水平 m 上的有界的(PS)序列，利用有界的(PS)序列的分解以及原问题能量泛函 I 与辅助能量泛函 I^∞ 的关系，证明了基态解的存在性.

注 2.2 在定理的证明中，山路值的估计、Pohozãev 等式及有界的(PS)序列分解都起到了关键作用.

2.2 预备知识

为了利用临界点理论讨论问题(2.1)解的存在性，首先需要给出适当的 Sobolev 空间、能量泛函和一些基本引理.

定义 2.1(分数阶 Sobolev 空间) 记 Hilbert 空间 $H_V^s(\mathbb{R}^N)$ 为 $H^s(\mathbb{R}^N)$ 的一个子空间，其范数定义为，

$$\| u \|_{H_V^s(\mathbb{R}^N)} := \left(\int_{\mathbb{R}^N} (| (-\Delta)^{\frac{s}{2}} u |^2 + V(x) | u |^2) \mathrm{d}x \right)^{\frac{1}{2}} < \infty \quad (2.2)$$

容易验证，当$(V_1)\sim(V_2)$成立时，$H_V^s(\mathbb{R}^N)=H^s(\mathbb{R}^N)$.下文在范数定义为(2.2)的 Sobolev 空间 $H^s(\mathbb{R}^N)$ 进行讨论，在后面书写中，$\| u \|_{H_V^s(\mathbb{R}^N)}$ 简记为 $\| u \|$.

定义 2.2(能量泛函) 问题(2.1)的能量泛函记为 $I: H^s(\mathbb{R}^N) \to \mathbb{R}$，

$$I(u) = \frac{1}{2} \int_{\mathbb{R}^N} (-\Delta)^{\frac{s}{2}} u |^2 + V(x) | u |^2 - \int_{\mathbb{R}^N} F(u), u \in H^s(\mathbb{R}^N)$$

其中 $F(u) = \int_0^u f(t) \mathrm{d}t$.

由条件$(f_1)\sim(f_3)$可验证 $I \in C^1(H^s(\mathbb{R}^N), \mathbb{R})$，且对任意 $\varphi \in C_0^\infty(\mathbb{R}^N)$有：

$$\langle I'(u), \varphi \rangle = \int_{\mathbb{R}^N} (-\Delta)^{\frac{s}{2}} u (-\Delta)^{\frac{s}{2}} \varphi + \int_{\mathbb{R}^N} V(x) u \varphi - \int_{\mathbb{R}^N} f(u) \varphi, u \in H^s(\mathbb{R}^N)$$

定义 2.3(弱解) 如果 $u \in H^s(\mathbb{R}^N)$是能量泛函的临界点，则称 u 为问题(2.1)的弱解，即满足

$$\int_{\mathbb{R}^N} (-\Delta)^{\frac{s}{2}} u (-\Delta)^{\frac{s}{2}} \varphi + \int_{\mathbb{R}^N} V(x) u \varphi = \int_{\mathbb{R}^N} f(u) \varphi, \forall \varphi \in C_0^\infty(\mathbb{R}^N)$$

定义 2.4(基态解) 如果 $u \in H^s(\mathbb{R}^N)$是问题(2.1)所有非平凡解中能量达到最小值的非零解，则称 u 是问题(2.1)的基态解.

引理 2.1[121](Lions 引理) 设$\{u_n\}$是 $H^s(\mathbb{R}^N)$中的有界序列，且满足

$$\lim_{n\to\infty} \sup_{z \in \mathbb{R}^N} \int_{B_1(z)} | u_n |^2 \to 0$$

这里 $B_1(z) = \{ y \in \mathbb{R}^N, | y - z | \leqslant 1 \}$，那么 $\| u_n \|_r \to 0$，其中 $r \in (2, 2_s^*)$.

下面给出一个抽象的定理，该定理在辅助问题临界点存在性证明中起到了

关键作用.

定理 2.2[20] 设 X 是一个 Banach 空间，范数记为 $\|\cdot\|_X$. 令 $J\subset\mathbb{R}^+$ 是一个区间. 在 X 上定义一族 C^1 泛函 $(I_\lambda)_{\lambda\in J}$ 如下：

$$I_\lambda(u)=A(u)-\lambda B(u),\ \forall\lambda\in J$$

其中 $B(u)\geqslant 0,\forall u\in X$，当 $\|u\|_X\to\infty$ 时，$A(u)\to+\infty$ 或 $B(u)\to+\infty$. 如果存在 X 中两个函数 v_1,v_2 使得：

$$c_\lambda=\inf_{\gamma\in\Gamma}\max_{t\in[0,1]}I_\lambda(\gamma(t))>\max\{I_\lambda(v_1),I_\lambda(v_2)\},\ \forall\lambda\in J$$

其中

$$\Gamma=\{\gamma\in C([0,1],X),\gamma(0)=v_1,\gamma(1)=v_2\}$$

那么，对几乎每个 $\lambda\in J$，存在序列 $\{v_n\}\subset X$ 使得

(1) $\{v_n\}$ 是有界的，

(2) $I_\lambda(v_n)\to c_\lambda$，

(3) 在 X 的对偶空间 X^{-1}，$I_\lambda'(v_n)\to 0$.

引理 2.2（分解引理） 假设$(\mathrm{f}_1)\sim(\mathrm{f}_2)$成立，若序列 $\{u_n\}\subset H^s(\mathbb{R}^N)$ 在 $H^s(\mathbb{R}^N)$ 中弱收敛到 u，则存在子列仍记为 u_n，对 $\forall\phi\in C_0^\infty(\mathbb{R}^N)$ 有

$$\int_{\mathbb{R}^N}(f(u_n)-f(u)-f(u_n-u))\phi=o_n(1)\|\phi\|$$

一致成立，其中 $o_n(1)\xrightarrow{n\to\infty}0$ 对 n 一致成立.

引理 2.3 设 $s\in(0,1)$，假设$(f_1)-(f_2)$成立，令 $\{u_n\}\subset H^s(\mathbb{R}^N)$ 弱收敛到 u，且在 $\mathbb{R}^N$ 中几乎处处收敛到 u，则

$$\int_{\mathbb{R}^N}F(u_n)=\int_{\mathbb{R}^N}F(u_n-u)+\int_{\mathbb{R}^N}F(u)+o_n(1)$$

其中 $o_n(1)\xrightarrow{n\to\infty}0$ 对 n 一致成立.

注 2.3 上述两个引理是分数阶临界情形对应于整数阶临界情形的结论，证明类似文献[27]中的相关结论证明，在此省略.

2.3 辅助问题解的存在性

定义辅助问题

$$(-\Delta)^s u+V(x)u=\lambda f(u),x\in\mathbb{R}^N \tag{2.3}$$

其对应的能量泛函 $I_\lambda(u):H^s(\mathbb{R}^N)\to\mathbb{R}$ 定义为：

$$I_\lambda(u)=\frac{1}{2}\int_{\mathbb{R}^N}|(-\Delta)^{\frac{s}{2}}u|^2+V(x)|u|^2-\lambda\int_{\mathbb{R}^N}F(u)$$

本节的主要目的是证明对几乎每个 $\lambda\in[\frac{1}{2},1]$，$I_\lambda$ 都有一个非平凡临界点 u_λ，且满足 $I_\lambda(u_\lambda)\leqslant c_\lambda$，其中

$$c_\lambda=\inf_{\gamma\in\Gamma}\max_{t\in[0,1]}I_\lambda(\gamma(t))$$

$$\Gamma=\{\gamma\in C([0,1],H^s(\mathbb{R}^N)),\gamma(0)=0,I_\lambda(\gamma(1))<0\}$$

下面先给出一些命题和引理.

命题 2.1[73]（Pohozǎev 等式） 设 $u(x)$ 为 $I_\lambda(\lambda\in[\frac{1}{2},1])$ 的临界点，那么 $u(x)$ 满足：

$$\frac{N-2s}{2}\int_{\mathbb{R}^N}|(-\Delta)^{\frac{s}{2}}u|^2+\frac{N}{2}\int_{\mathbb{R}^N}V(x)|u|^2$$
$$=-\frac{1}{2}\int_{\mathbb{R}^N}\langle\nabla V(x),x\rangle|u|^2+N\lambda\int_{\mathbb{R}^N}F(u)\tag{2.4}$$

引理 2.4 假设$(f_1)\sim(f_3)$、$(V_1)\sim(V_2)$成立，则

(1) 存在 $v\in H^s(\mathbb{R}^N)\backslash\{0\}$，使得对所有的 $\lambda\in[\frac{1}{2},1]$有 $I_\lambda(v)\leqslant 0$，

(2) $c_\lambda:=\inf_{\gamma\in\Gamma}\max_{t\in[0,1]}I_\lambda(\gamma(t))>\max\{I_\lambda(0),I_\lambda(v)\}>0,\lambda\in[\frac{1}{2},1]$，

(3) 在山路值 c_λ 处，I_λ 存在一个非负的有界的(PS)序列$\{u_n\}$.

证明 由条件(f_1)和(f_2)，对任意 $\varepsilon>0$，存在常数 $C(\varepsilon)>0$，使得

$$\int_{\mathbb{R}^N}F(u)\leqslant\varepsilon\int_{\mathbb{R}^N}|u|^2+C(\varepsilon)\int_{\mathbb{R}^N}|u|^{2_s^*},\forall u\in H^s(\mathbb{R}^N)$$

从而

$$I_\lambda(u)=\frac{1}{2}\|u\|^2-\lambda\int_{\mathbb{R}^N}F(u)\geqslant\frac{1}{2}\|u\|^2-\varepsilon\|u\|_2^2-C(\varepsilon)\|u\|_{2_s^*}^{2_s^*}$$

由引理 1.1，存在与 λ 无关的常数 $\rho>0$、$\delta>0$，使得 $\|u\|=\rho$ 时，$I_\lambda(u)\geqslant\delta$.另一方面，由$(f_3)$可知

$$I_\lambda(u)\leqslant\frac{1}{2}\|u\|^2-\frac{1}{2}\|u\|_{2_s^*}^{2_s^*}-\frac{D}{2p}\|u\|_p^p$$

设 $v_0\in H^s(\mathbb{R}^N)$且 $v_0\geqslant 0,v_0\neq 0$.因为 $t\to+\infty$时 $I_\lambda(tv_0)\to-\infty$，则存在 $t_0>0$，使得当$\|t_0v_0\|>\rho$ 时，$I_\lambda(t_0v_0)<0$.令 $v=t_0v_0$，则(1)和(2)成立.从而定理 2.2 的条件满足.因此对几乎每个 $\lambda\in[\frac{1}{2},1]$，$I_\lambda$ 在山路值处 c_λ 存在一个有界

的(PS)序列$\{u_n\}$.下面说明$u_n\geqslant 0$.令$u_n=u_n^+ + u_n^-$,将u_n^-作为一个测试函数,因为对所有$t\leqslant 0$,$f(t)\equiv 0$,所以

$$\begin{aligned}\langle I_\lambda'(u_n),u_n^-\rangle &=\int_{\mathbb{R}^N}(-\Delta)^{\frac{s}{2}}u_n(-\Delta)^{\frac{s}{2}}u_n^- + \int_{\mathbb{R}^N}V(x)(u_n u_n^-) - \lambda\int_{\mathbb{R}^N}f(u_n)u_n^- \\ &=\int_{\mathbb{R}^N}(-\Delta)^{\frac{s}{2}}u_n(-\Delta)^{\frac{s}{2}}u_n^- + \int_{\mathbb{R}^N}V(x)\,|u_n^-|^2\end{aligned}$$

对任意$x,y\in\mathbb{R}^N$的,总有$(u_n^+(x)-u_n^+(y))(u_n^-(x)-u_n^-(y))\geqslant 0$,那么

$$\begin{aligned}&(u_n(x)-u_n(y))(u_n^-(x)-u_n^-(y)) \\ =&(u_n^+(x)-u_n^+(y))(u_n^-(x)-u_n^-(y))+(u_n^-(x)-u_n^-(y))^2 \\ \geqslant&(u_n^-(x)-u_n^-(y))^2\end{aligned}$$

从而

$$\begin{aligned}&\int_{\mathbb{R}^N}(-\Delta)^{\frac{s}{2}}u_n(-\Delta)^{\frac{s}{2}}u_n^- \\ =&\int_{\mathbb{R}^N}\int_{\mathbb{R}^N}\frac{(u_n(x)-u_n(y))(u_n^-(x)-u_n^-(y))}{|x-y|^{N+2s}} \\ =&\int_{\mathbb{R}^N}\int_{\mathbb{R}^N}\frac{(u_n^-(x)-u_n^-(y))^2}{|x-y|^{N+2s}} \\ =&\int_{\mathbb{R}^N}|(-\Delta)^{\frac{s}{2}}u_n^-|^2\end{aligned}$$

由$\langle I_\lambda'(u_n),u_n^-\rangle\to 0$,有$\|u_n^-\|\to 0$.

证明结束.

□

由上面的讨论可知,I_λ在c_λ处存在一个有界的(PS)序列.为了证明该序列的收敛性,先给出几个引理和命题.

引理 2.5(山路值估计) 假设条件(V_1)～(V_2)和(f_1)～(f_3)满足,如果$\max\{2,2_s^*-2\}<p<2_s^*$,那么

$$c_\lambda<\frac{s}{N\lambda^{\frac{N-2s}{2s}}}S_s^{\frac{N}{2s}}$$

证明 设$\varphi\in C_0^\infty(\mathbb{R}^N)$是具有紧支集$B_2$的截断函数,且满足在球$B_1$上,$\varphi\equiv 1$,在$B_2$上$0\leqslant\varphi\leqslant 1$,其中$B_1\subset B_2$.设$\varepsilon>0$,定义$\Psi_\varepsilon(x)=\varphi(x)U_\varepsilon(x)$,其中

$$U_\varepsilon(x)=\kappa\varepsilon^{-\frac{N-2s}{2}}\left(\mu^2+\left|\frac{x}{\varepsilon S_s^{\frac{1}{2s}}}\right|^2\right)^{-\frac{N-2s}{2}}$$

为引理1.2中给出的最佳嵌入常数 S_s 的达到函数.令 $v_\varepsilon=\frac{\Psi_\varepsilon}{\|\Psi_\varepsilon\|_{2_s^*}}$,那么 $\|(-\Delta)^{\frac{s}{2}}v_\varepsilon\|_2^2\leqslant S_s+O(\varepsilon^{N-2s})$,且有:

$$\|v_\varepsilon\|_2^2=\begin{cases}O(\varepsilon^{2s}), & N>4s\\ O(\varepsilon^{2s}\ln\frac{1}{\varepsilon}), & N=4s\\ O(\varepsilon^{N-2s}), & N<4s\end{cases}$$

及

$$\|v_\varepsilon\|_p^p=\begin{cases}O(\varepsilon^{\frac{2N-(N-2s)p}{2}}), & p>\frac{N}{N-2s}\\ O(\varepsilon^{\frac{(N-2s)p}{2}}), & p<\frac{N}{N-2s}\end{cases}$$

对任意 $t>0$,由(f_3)可知

$$\begin{aligned}I_\lambda(tv_\varepsilon)&=\frac{t^2}{2}\int_{\mathbb{R}^N}|(-\Delta)^{\frac{s}{2}}v_\varepsilon|^2+V(x)|v_\varepsilon|^2-\lambda\int_{\mathbb{R}^N}F(tv_\varepsilon)\\&=\frac{t^2}{2}\|v_\varepsilon\|^2-\lambda\int_{\mathbb{R}^N}F(tv_\varepsilon)\\&\leqslant\frac{t^2}{2}\|v_\varepsilon\|^2-\frac{\lambda}{2_s^*}t^{2_s^*}-\frac{Dt^p}{2p}\|v_\varepsilon\|_p^p\end{aligned}$$

显然,$t\to+\infty$时,$I_\lambda(tv_\varepsilon)\to-\infty$,而当 $t>0$ 足够小时,$I_\lambda(tv_\varepsilon)>0$.

令 $g(t)=\frac{t^2}{2}\|v_\varepsilon\|^2-\frac{\lambda}{2_s^*}t^{2_s^*}$,则 $t_\varepsilon:=\left(\frac{\|v_\varepsilon\|^2}{\lambda}\right)^{\frac{1}{2_s^*-2}}$是 $g(t)$的最大值点.设 $\varepsilon<1$,由 v_ε 的定义,存在 $t_1>1$ 足够小,使得

$$\max_{t\in(0,t_1)}I_\lambda(tv_\varepsilon)\leqslant\frac{t^2}{2}\|v_\varepsilon\|^2<\frac{s}{N\lambda^{\frac{N-2s}{2s}}}S_s^{\frac{N}{2s}}$$

因为 $t\to+\infty$时,$I_\lambda(tv_\varepsilon)\to-\infty$,所以存在 $t_2>0$,使得

$$\max_{t\in(t_2,+\infty)}I_\lambda(tv_\varepsilon)<\frac{s}{N\lambda^{\frac{N-2s}{2s}}}S_s^{\frac{N}{2s}}$$

如果 $t\in[t_1,t_2]$,则

$$\begin{aligned}\max_{t\in[t_1,t_2]}I_\lambda(tv_\varepsilon)&\leqslant\max_{t\in[t_1,t_2]}\{g(t)-\frac{Dt_1^p}{2p}\|v_\varepsilon\|_p^p\}\\&\leqslant g(t_\varepsilon)-\frac{Dt_1^p}{2p}\|v_\varepsilon\|_p^p\end{aligned}$$

因为

$$g(t_\varepsilon)=\frac{s}{N\lambda^{\frac{N-2s}{2s}}}(\|v_\varepsilon\|^2)^{\frac{N}{2s}}$$

$$=\frac{s}{N\lambda^{\frac{N-2s}{2s}}}\left(\|(-\Delta)^{\frac{s}{2}}v_\varepsilon\|_2^2+\int_{\mathbb{R}^N}V(x)|v_\varepsilon|^2\right)^{\frac{N}{2s}}$$

$$\leqslant\frac{s}{N\lambda^{\frac{N-2s}{2s}}}(S_s+O(\varepsilon^{N-2s})+C\|v_\varepsilon\|_2^2)^{\frac{N}{2s}}$$

由$(a+b)^q\leqslant a^q+q(a+b)^{q-1}b$，其中 $a>0,b>0,q>1$，则

$$g(t_\varepsilon)\leqslant\frac{s}{N\lambda^{\frac{N-2s}{2s}}}S_s^{\frac{N}{2s}}+\frac{1}{2\lambda^{\frac{N-2s}{2s}}}(S_s+O(\varepsilon^{N-2s})+C\|v_\varepsilon\|_2^2)^{\frac{N-2s}{2s}}(O(\varepsilon^{N-2s})+C\|v_\varepsilon\|_2^2)$$

$$\leqslant\frac{s}{N\lambda^{\frac{N-2s}{2s}}}S_s^{\frac{N}{2s}}+O(\varepsilon^{N-2s})+C\|v_\varepsilon\|_2^2$$

从而

$$\max_{t\in[t_1,t_2]}I_\lambda(tv_\varepsilon)\leqslant\frac{s}{N\lambda^{\frac{N-2s}{2s}}}S_s^{\frac{N}{2s}}+O(\varepsilon^{N-2s})+C\|v_\varepsilon\|_2^2-\frac{Dt_1^p}{2p}\|v_\varepsilon\|_p^p$$

下面分三种情况对 $\max\limits_{t\in[t_1,t_2]}I_\lambda(tv_\varepsilon)$进行估计，从而完成证明.

第一种情况：如果 $N>4s$，那么$\dfrac{N}{N-2s}<2$，结合 $p>\max\{2,2_s^*-2\}$，有 $p>\dfrac{N}{N-2s}$，因此

$$\max_{t\in[t_1,t_2]}I_\lambda(tv_\varepsilon)\leqslant\frac{s}{N\lambda^{\frac{N-2s}{2s}}}S_s^{\frac{N}{2s}}+O(\varepsilon^{N-2s})+O(\varepsilon^{2s})-O(\varepsilon^{\frac{2N-(N-2s)p}{2}})$$

从 $p>2$、$N>4s$ 可得$\dfrac{2N-(N-2s)p}{2}<2s<N-2s$，因此对 $\varepsilon>0$ 充分小，有

$$\max_{t\in[t_1,t_2]}I_\lambda(tv_\varepsilon)\leqslant\frac{s}{N\lambda^{\frac{N-2s}{2s}}}S_s^{\frac{N}{2s}}$$

第二种情况：如果 $N=4s$，那么 $2<p<4$.对 $\varepsilon>0$ 足够小，因为

$$\lim_{\varepsilon\to0+}\frac{\varepsilon^{4s-sp}}{\varepsilon^{2s}(1+\ln\frac{1}{\varepsilon})}\to+\infty$$

可推出

$$\max_{t\in[t_1,t_2]}I_\lambda(tv_\varepsilon)\leqslant\frac{s}{N\lambda^{\frac{N-2s}{2s}}}S_s^{\frac{N}{2s}}+O(\varepsilon^{N-2s})+O(\varepsilon^{2s}\ln\frac{1}{\varepsilon})-O(\varepsilon^{4s-sp})$$

$$\leqslant \frac{s}{N\lambda^{\frac{N-2s}{2s}}} S_s^{\frac{N}{2s}} + O\left(\varepsilon^{2s}(1+\ln\frac{1}{\varepsilon})\right) - O(\varepsilon^{4s-sp})$$

$$< \frac{s}{N\lambda^{\frac{N-2s}{2s}}} S_s^{\frac{N}{2s}}$$

第三种情况：如果 $2s<N<4s$，则 $\frac{N}{N-2s}>2$，结合 $p>\max\{2,2_s^*-2\}$，可得 $p>\frac{N}{N-2s}$，因此

$$\max_{t\in[t_1,t_2]} I_\lambda(tv_\varepsilon) \leqslant \frac{s}{N\lambda^{\frac{N-2s}{2s}}} S_s^{\frac{N}{2s}} + O(\varepsilon^{N-2s}) - O(\varepsilon^{\frac{2N-(N-2s)p}{2}})$$

从 $p>\frac{4s}{N-2s}$ 有 $\frac{2N-(N-2s)p}{2}<N-2s$，所以对 $\varepsilon>0$ 足够小，可得

$$\max_{t\in[t_1,t_2]} I_\lambda(tv_\varepsilon) < \frac{s}{N\lambda^{\frac{N-2s}{2s}}} S_s^{\frac{N}{2s}}$$

证明结束. □

在方程(2.1)中，如果 $V(x)\equiv V(\infty)$，对 $\lambda\in[\frac{1}{2},1]$，定义泛函族为 $I_\lambda^\infty: H^s(\mathbb{R}^N)\mapsto\mathbb{R}$：

$$I_\lambda^\infty(u) = \frac{1}{2}\int_{\mathbb{R}^N} |(-\Delta)^{\frac{s}{2}}u|^2 + V(\infty)|u|^2 - \lambda\int_{\mathbb{R}^N} F(u)$$

下面给出能量泛函 I_λ^∞ 最低能量临界点的存在性结论.

引理 2.6[74,定理 4.1] 如果 f 满足(f_1)～(f_3)，$\max(2,2_s^*-2)<p<2_s^*$，那么对几乎每个 $\lambda\in[\frac{1}{2},1]$，能量泛函 I_λ^∞ 对应的方程存在正的基态解，记为 u_λ^∞.

对于这个临界点集合 $\{u_\lambda^\infty\}$，有如下能量估计.

引理 2.7 如果 $V(x)\equiv V(\infty)>0$ 及(f_1)－(f_2)成立，则存在不依赖 λ 的常数 $\delta>0$，使得对 I_λ^∞ 的非平凡临界点 u_λ^∞，有 $I_\lambda^\infty(u_\lambda^\infty)\geqslant\delta$.

证明 由 Pohozǎev 恒等式(2.4)

$$I_\lambda^\infty(u_\lambda^\infty) = \frac{s}{N}\int_{\mathbb{R}^N} |(-\Delta)^{\frac{s}{2}}u_\lambda^\infty|^2$$

由(f_1)～(f_2)，对任意 $\varepsilon>0$，存在常数 $C(\varepsilon)>0$，使得

$$\int_{\mathbb{R}^N} |(-\Delta)^{\frac{s}{2}}u_\lambda^\infty|^2 + V(\infty)|u_\lambda^\infty|^2 \leqslant \varepsilon\int_{\mathbb{R}^N} |u_\lambda^\infty|^2 + C(\varepsilon)\int_{\mathbb{R}^N} |u_\lambda^\infty|^{2_s^*}$$

所以$\int_{\mathbb{R}^N}|(-\Delta)^{\frac{s}{2}}u_\lambda^\infty|^2\leqslant C\int_{\mathbb{R}^N}|u_\lambda^\infty|^{2_s^*}$.另一方面,由引理1.1,有$\int_{\mathbb{R}^N}|u_\lambda^\infty|^{2_s^*}\leqslant C\left(\int_{\mathbb{R}^N}|(-\Delta)^{\frac{s}{2}}u_\lambda^\infty|^2\right)^{\frac{2_s^*}{2}}$.因为$u_\lambda^\infty\neq 0$,所以存在一个常数$\delta_0>0$,使得$\int_{\mathbb{R}^N}|(-\Delta)^{\frac{s}{2}}u_\lambda^\infty|^2\geqslant\delta_0$,从而$I_\lambda^\infty(u_\lambda^\infty)\geqslant\delta:=s\delta_0/N$.

证明结束.

□

类似文献[23,26]中对于整数阶非零临界点相关性质的证明,可得能量泛函I_λ^∞非零临界点的如下结论.

引理 2.8 设$\lambda\in[\frac{1}{2},1]$,如果$w_\lambda\in H^s(\mathbb{R}^N)$是泛函$I_\lambda^\infty$的非平凡临界点,那么存在$\gamma_\lambda\in C([0,1],H^s(\mathbb{R}^N))$使得$\gamma_\lambda(0)=0$,$I_\lambda^\infty(\gamma_\lambda(1))<0$,$w_\lambda\in\gamma_\lambda[0,1]$及$\max\limits_{t\in[0,1]}I_\lambda^\infty(\gamma_\lambda(t))=I_\lambda^\infty(w_\lambda)$.

为了完成(PS)序列紧性的证明,首先给出有界(PS)序列的分解.

命题 2.2 假设$V(x)$和f分别满足$(V_1)\sim(V_3)$和$(f_1)\sim(f_3)$,$\max\{2,2_s^*-2\}<p<2_s^*$,对几乎每个$\lambda\in[\frac{1}{2},1]$,设$\{u_n\}$为引理2.4中给出的在山路值$c_\lambda$处的有界的(PS)序列,且$0<c_\lambda<\frac{s}{N\lambda^{\frac{N-2s}{2s}}}S_s^{\frac{N}{2s}}$,那么存在一个子序列,仍记为$\{u_n\}$,一个整数$k\in\mathbb{N}\cup\{0\}$及$v_\lambda^j\in H^s(\mathbb{R}^N)$,$1\leqslant j\leqslant k$,使得

(1) 在$H^s(\mathbb{R}^N)$中$u_n\rightharpoonup u_\lambda$,且$I'_\lambda(u_\lambda)=0$,

(2) $v_\lambda^j\neq 0$,$v_\lambda^j\geqslant 0$,$I_\lambda^{\infty\prime}(v_\lambda^j)=0$,$1\leqslant j\leqslant k$,

(3) $c_\lambda=I_\lambda(u_\lambda)+\sum\limits_{j=1}^{k}I_\lambda^\infty(v_\lambda^j)$,

(4) $\|u_n-u_\lambda-\sum\limits_{j=1}^{k}v_\lambda^j(\cdot-y_n^j)\|\to 0$.

其中对任意$i\neq j$,当时$n\to\infty$,有$|y_n^j|\to\infty$,$|y_n^i-y_n^j|\to\infty$.

证明 对$\lambda\in[\frac{1}{2},1]$,令$\{u_n\}\subset H^s(\mathbb{R}^N)$,$u_n\geqslant 0$为引理2.4中得到的序列.由$\{u_n\}$的有界性,则存在子列仍记为$\{u_n\}$及$u_\lambda\in H^s(\mathbb{R}^N)$使得$u_n\rightharpoonup u_\lambda$,以及在$\mathbb{R}^N$中$u_n$几乎处处收敛到$u_\lambda$,且$I_\lambda'(u_\lambda)=0$.

第一步:令$v_n^1=u_n-u_\lambda$,如果v_n^1在$H^s(\mathbb{R}^N)$中强收敛到0,则命题对$k=0$成立.

第二步:证明如果 v_n^1 不强收敛到 0,则有 $\lim\limits_{n\to\infty}\sup\limits_{z\in\mathbb{R}^N}\int_{B_1(z)}|v_n^1|^2>0$.因为 $I_\lambda(u_n)\to c_\lambda$,由引理 2.3,有

$$c_\lambda-I_\lambda(u_\lambda)=I_\lambda(v_n^1)+o_n(1) \tag{2.5}$$

其中 $o_n(1)\to 0(n\to\infty)$.由 $v_n^1\rightharpoonup 0$,(V_2)和引理 1.1,有

$$\begin{aligned}I_\lambda^\infty(v_n^1)-I_\lambda(v_n^1)&=\int_{\mathbb{R}^N}(V(\infty)-V(x))|v_n^1|^2\\&=\int_{B_R}(V(\infty)-V(x))|v_n^1|^2+\int_{\mathbb{R}^N\setminus B_R}(V(\infty)-V(x))|v_n^1|^2\\&\to 0\end{aligned}$$

因此

$$c_\lambda-I_\lambda(u_\lambda)=I_\lambda^\infty(v_n^1)+o_n(1) \tag{2.6}$$

假设 $\lim\limits_{n\to\infty}\sup\limits_{z\in\mathbb{R}^N}\int_{B_1(z)}|v_n^1|^2=0$,由引理 2.1,在 $L^t(\mathbb{R}^N)(t\in(2,2_s^*))$ 中,

$$v_n^1\to 0 \tag{2.7}$$

设 $f(t)=h(t)+(t^+)^{2_s^*-1}$,由$(f_1)\sim(f_2)$,对任意 $\varepsilon>0$,存在 $C(\varepsilon)>0$ 使得

$$\left|\int_{\mathbb{R}^N}H(v_n^1)\right|\leqslant\varepsilon\left(\int_{\mathbb{R}^N}|v_n^1|^2+|v_n^1|^{2_s^*}\right)+C(\varepsilon)\int_{\mathbb{R}^N}|v_n^1|^r$$

其中 $r<2_s^*$.因为 $v_n^1\in H^s(\mathbb{R}^N)$,结合式(2.7),得到

$$\left|\int_{\mathbb{R}^N}H(v_n^1)\right|\leqslant\varepsilon C+o_n(1)$$

由 ε 的任意性,$\int_{\mathbb{R}^N}H(v_n^1)=o_n(1)$.而且,由引理 1.3,有

$$\int_{\mathbb{R}^N}|v_n^1|^{2_s^*}=\int_{\mathbb{R}^N}|u_n|^{2_s^*}-\int_{\mathbb{R}^N}|u_\lambda|^{2_s^*}+o_n(1)$$

此时式(2.5)变成

$$c_\lambda-I_\lambda(u_\lambda)=\frac{1}{2}\|v_n^1\|^2-\frac{\lambda}{2_s^*}\int_{\mathbb{R}^N}|v_n^1|^{2_s^*}+o_n(1) \tag{2.8}$$

注意$\langle I_\lambda'(u_n),v_n^1\rangle\to 0$,$\langle I_\lambda'(u_n),v_n^1\rangle=0$,则

$$\|v_n^1\|^2-\lambda\int_{\mathbb{R}^N}(f(u_n)-f(u_\lambda))v_n^1=\langle I_\lambda'(u_\lambda),v_n^1\rangle-\langle I_\lambda'(u_\lambda),v_n^1\rangle\to 0$$

由引理 2.2,

$$\begin{aligned}\int_{\mathbb{R}^N}(f(u_n)-f(u))v_n^1&=\int_{\mathbb{R}^N}f(v_n^1)v_n^1+o_n(1)\|v_n^1\|\\&=\int_{\mathbb{R}^N}h(v_n^1)v_n^1+\int_{\mathbb{R}^N}|v_n^1|^{2_s^*}+o_n(1)\|v_n^1\|\end{aligned}$$

由式(2.7)，通过类似的讨论，有 $\int_{\mathbb{R}^N}(f(u_n)-f(u_\lambda))v_n^1=\int_{\mathbb{R}^N}|v_n^1|^{2_s^*}+o_n(1)$，因此

$$|v_n^1|^2-\lambda\int_{\mathbb{R}^N}|v_n^1|^{2_s^*}=o_n(1) \tag{2.9}$$

结合式(2.8)和式(2.9)，得到 $c_\lambda-I_\lambda(u_\lambda)=\frac{s}{N}|v_n^1|^2+o_n(1)$.

由 $I'_\lambda(u_\lambda)=0$，从 Pohožaev 恒等式(2.4)和引理 1.1，得到

$$\begin{aligned}I_\lambda(u_\lambda)&=\frac{s}{N}\int_{\mathbb{R}^N}|(-\Delta)^{\frac{s}{2}}u_\lambda|^2-\frac{1}{2N}\int_{\mathbb{R}^N}\langle\nabla V(x),x\rangle u_\lambda^2\\&\geqslant\frac{s}{N}\int_{\mathbb{R}^N}|(-\Delta)^{\frac{s}{2}}u_\lambda|^2-\frac{1}{2NS_s}\|\max\{\langle\nabla V(x),x\rangle,0\}\|_{\frac{N}{2s}}\int_{\mathbb{R}^N}|(-\Delta)^{\frac{s}{2}}u_\lambda|^2\end{aligned}$$

结合(V_3)可得 $I_\lambda(u_\lambda)\geqslant 0$，从而 $c_\lambda-I_\lambda(u_\lambda)<\frac{s}{N\lambda^{\frac{N-2s}{2s}}}S_s^{\frac{N}{2s}}$.另一方面，因为 v_n^1 不强收敛到 0，那么存在常数 $l>0$，使得 $\|v_n^1\|^2\to l$.令 $\|(-\Delta)^{\frac{s}{2}}v_n^1\|_2^2=\tilde{l}<l$，则

$$S_s=\inf_{u\in H^s(\mathbb{R}^N),u\neq 0}\frac{\|(-\Delta)^{\frac{s}{2}}u\|_2^2}{\|u\|_{2_s^*}^2}\leqslant\frac{\tilde{l}}{(l/\lambda)^{\frac{2}{2_s^*}}}\leqslant l^{\frac{2s}{N}}\lambda^{\frac{N-2s}{N}}$$

由此可推出 $l\geqslant\frac{S_s^{\frac{N}{2s}}}{\lambda^{\frac{N-2s}{2s}}}$. 因此 $c_\lambda-I_\lambda(u_\lambda)\geqslant\frac{s}{N\lambda^{\frac{N-2s}{2s}}}S_s^{\frac{N}{2s}}$，得到矛盾. 所以 $\lim\limits_{n\to\infty}\sup\limits_{z\in\mathbb{R}^N}\int_{B_1(z)}|v_n^1|^2>0$.

第三步:由第二步的讨论，如果 v_n^1 不强收敛到 0，则 $\lim\limits_{n\to\infty}\sup\limits_{z\in\mathbb{R}^N}\int_{B_1(z)}|v_n^1|^2>0$，所以，存在一个子列仍记为$\{v_n^1\}$，以及$\{z_n^1\}\subset\mathbb{R}^N$ 和 $v_\lambda^1\in H^s(\mathbb{R}^N)$，使得$|z_n^1|\to\infty$且

(ⅰ) $\lim\limits_{n\to\infty}\int_{B_1(z_n^1)}|v_n^1|^2>0$，

(ⅱ) $v_n^1(\cdot+z_n^1)\rightharpoonup v_\lambda^1\neq 0$，

(ⅲ) $I_\lambda^{\infty\prime}(v_\lambda^1)=0$.

(ⅰ)，(ⅱ)是显然的，下面证明(ⅲ).令 $u_n^1=v_n^1(\cdot+z_n^1)$.为了证明 $I_\lambda^{\infty\prime}(v_\lambda^1)=0$，只要证明 $I_\lambda^{\infty\prime}(u_n^1)\to 0$.

对任意 $\varphi\in C_0^\infty(\mathbb{R}^N)$，由 $I_\lambda'(v_n^1)\to 0$，有

$$\langle I'_\lambda(v_n^1),\varphi(\cdot-z_n^1)\rangle=\int_{\mathbb{R}^N}(-\Delta)^{\frac{s}{2}}v_n^1(x+z_n^1)(-\Delta)^{\frac{s}{2}}\varphi(x)\mathrm{d}x$$

$$
\begin{aligned}
&+\int_{\mathbb{R}^N} V(x+z_n^1)v_n^1(x+z_n^1)\varphi(x)\mathrm{d}x \\
&-\int_{\mathbb{R}^N} f(v_n^1(x+z_n^1))\varphi(x)\mathrm{d}x \\
=&\int_{\mathbb{R}^N}(-\Delta)^{\frac{s}{2}}u_n^1(x)(-\Delta)^{\frac{s}{2}}\varphi(x)\mathrm{d}x \\
&+\int_{\mathbb{R}^N} V(x+z_n^1)u_n^1(x)\varphi(x)\mathrm{d}x \\
&-\int_{\mathbb{R}^N} f(u_n^1(x))\varphi(x)\mathrm{d}x \to 0
\end{aligned}
$$

由 $|z_n^1|\to\infty$，$\varphi\in C_0^\infty(\mathbb{R}^N)$ 及 (V_2)，有

$$
\int_{\mathbb{R}^N} V(x+z_n^1)u_n^1(x)\varphi(x)\mathrm{d}x \to \int_{\mathbb{R}^N} V(\infty)u_n^1(x)\varphi(x)\mathrm{d}x
$$

所以，

$$
\begin{aligned}
\langle I_\lambda^{\infty\prime}(u_n^1),\varphi\rangle =&\int_{\mathbb{R}^N}(-\Delta)^{\frac{s}{2}}u_n^1(x)(-\Delta)^{\frac{s}{2}}\varphi(x)\mathrm{d}x \\
&+\int_{\mathbb{R}^N} V(\infty)u_n^1(x)\varphi(x)\mathrm{d}x-\int_{\mathbb{R}^N} f(u_n^1(x))\varphi(x)\mathrm{d}x \to 0
\end{aligned}
$$

由 $u_n^1\rightharpoonup v_\lambda^1$，可得 $I_\lambda^{\infty\prime}(v_\lambda^1)=0$. 另一方面，由式(2.6)易得

$$
c_\lambda - I_\lambda(u_\lambda) = I_\lambda^\infty(u_n^1)+o_n(1)
$$

由此得到了一个有界的序列$\{u_n^1\}$，满足 $u_n^1\rightharpoonup v_\lambda^1\neq 0$，且有

$$
I_\lambda^\infty(u_n^1)\to c_\lambda - I_\lambda(u_\lambda),\ I_\lambda^{\infty\prime}(u_n^1)\to 0,\ I_\lambda^{\infty\prime}(v_\lambda^1)=0
$$

令 $v_n^2=u_n^1-v_\lambda^1$，则 $u_n=u_\lambda+v_\lambda^1(\cdot-z_n^1)+v_n^2(\cdot-z_n^1)$. 如果在 $H^s(\mathbb{R}^N)$ 中 $v_n^2\to 0$，可得

$$
\begin{cases}
c_\lambda - I_\lambda(u_\lambda) = I_\lambda^\infty(v_\lambda^1) \\
\| u_n - u_\lambda - v_\lambda^1(\cdot - z_n^1)\| \to 0
\end{cases}
$$

如果 v_n^2 不强收敛到 0，类似式(2.5)和式(2.6)，有

$$
c_\lambda - I_\lambda(u_\lambda) - I_\lambda^\infty(v_\lambda^1) = I_\lambda^\infty(v_n^2)+o_n(1),\ I_\lambda^{\infty\prime}(v_n^2)\to 0
$$

同第二步的证明，得到$\lim\limits_{n\to\infty}\sup\limits_{z\in\mathbb{R}^N}\int_{B_1(z)}|v_n^2|^2>0$. 则存在$\{z_n^2\}\subset\mathbb{R}^N$ 和$v_\lambda^2\neq 0$，使得 $|z_n^2|\to\infty$，并且有

（i）$\lim\limits_{n\to\infty}\int_{B_1(z_n^2)}|v_n^1|^2>0$，

（ii）$v_n^2(\cdot+z_n^2)\rightharpoonup v_\lambda^2$，

（iii）$I_\lambda^{\infty\prime}(v_\lambda^2)=0$.

令 $u_n^2=v_n^2(\cdot+z_n^2)$，则$\{u_n^2\}$是一个有界的序列，且满足 $u_n^2 \rightharpoonup v_\lambda^2$ 和

$$I_\lambda^\infty(u_n^2) \to c_\lambda - I_\lambda(u_\lambda) - I_\lambda^\infty(v_\lambda^1), I_\lambda^{\infty'}(u_n^2) \to 0$$

设 $v_n^3=u_n^2-v_\lambda^2$，则 $u_n=u_\lambda+v_\lambda^1(\cdot-z_n^1)+v_\lambda^2(\cdot-z_n^1-z_n^2)+v_n^3(\cdot-z_n^1-z_n^2)$. 如果 v_n^3 在 $H^s(\mathbb{R}^N)$中强收敛到 0，那么有

$$\begin{cases} c_\lambda = I_\lambda(u_\lambda) + I_\lambda^\infty(v_\lambda^1) + I_\lambda^\infty(v_\lambda^2) \\ \| u_n - u_\lambda - v_\lambda^1(\cdot - z_n^1) - v_\lambda^2(\cdot - z_n^1 - z_n^2) \| \to 0 \end{cases}$$

重复上面的过程若干次，由引理 2.7，一定可以通过有限的 k 次终止重复上面的讨论过程，也就是说，如果令 $y_n^j=\sum\limits_{i=1}^{j} z_n^i$ ，那么有

$$\begin{cases} c_\lambda = I_\lambda(u_\lambda) + \sum\limits_{j=1}^{k} I_\lambda^\infty(v_\lambda^j) \\ \| u_n - u_\lambda - \sum\limits_{j=1}^{k} v_\lambda^j(\cdot - y_n^j) \| \to 0 \end{cases}$$

第四步：证明，若有必要，通过抽取$\{y_n^j\}$的子列并且对$\{v_\lambda^j\}$重新定义，则对任意 $i\neq j$，(ⅲ)，(ⅳ)对 $|y_n^j|\to\infty(n\to\infty)$及 $|y_n^i-y_n^j|\to\infty(n\to\infty)$是成立的.设 $A=\{1,2,\cdots,k\}$.从 $u_n-u_\lambda-\sum\limits_{j=1}^{k} v_\lambda^j(\cdot-y_n^j)\to 0$ 及在$\mathbb{R}^N$ 中 $u_n \xrightarrow{\text{a.e.}} u$，得到 $\sum\limits_{j=1}^{k} v_\lambda^j(\cdot-y_n^j) \xrightarrow{\text{a.e.}} 0$.既然对任意 j 有 $v_\lambda^j\geqslant 0$，那么 $|y_n^j|\to\infty$.对 y_n^i，假设 $A_i=\{y_n^j: |y_n^i-y_n^j|$ 对 n 有界的$\}$，则存在一个子序列及 $\tilde{v}_\lambda^i\in H^s(\mathbb{R}^N)$，使得 $\sum\limits_{j\in A_i} v_\lambda^j(\cdot+y_n^i-y_n^j)$ 在 $H^s(\mathbb{R}^N)$强收敛到 $\tilde{v}_\lambda^i$，所以有 $\| u_n-u_\lambda-\tilde{v}_\lambda^i(\cdot-y_n^i)-\sum\limits_{j\in(A\setminus A_i)} v_\lambda^j(\cdot-y_n^j)\|\to 0$.因为 $v_\lambda^j(j\in A)$是 $I_\lambda^{\infty'}$ 的临界点，有 $I_\lambda^{\infty'}(\tilde{v}_\lambda^i)=0$.那么重新定义 $v_\lambda^i:=\tilde{v}_\lambda^i$，则有当 $n\to\infty$时，$\| u_n-u_\lambda-\sum\limits_{j\in(A\setminus A_i)\cup\{i\}} v_\lambda^j(\cdot-y_n^j)\|\to 0$.重复上面的过程至多$(k-1)$次，且若有必要重新定义$\{v_\lambda^j\}$，那么存在 $\Lambda\subset A$ 使得

$$\begin{cases} | y_n^j | \to \infty, \ | y_n^i - y_n^j | \to \infty, \forall\, i \neq j, n \to \infty \\ \| u_n - u_\lambda - \sum\limits_{j\in\Lambda} v_\lambda^j(\cdot - y_n^j) \| \to 0 \end{cases}$$

结论得证.

□

如果式(2.1)中 $V(x)\equiv V>0$，则可以得到类似的自治问题有界的(PS)序列的分解.记相应自治问题的能量泛函和辅助能量泛函分别为 J 和 $J_\lambda(\lambda\in[\frac{1}{2},$

1]).令 c_λ 为 J_λ 的山路值,那么有下面的结论.

推论 2.1　假设 $V(x)\equiv V>0$,f 满足$(f_1)\sim(f_3)$.对 $\lambda\in[\frac{1}{2},1]$,如果$\{u_n\}\subset H^s(\mathbb{R}^N)$满足 $u_n\geqslant 0$,$\|u_n\|<\infty$,$J_\lambda(u_n)\to c_\lambda$ 且 $J'_\lambda(u_n)\to 0$,$c_\lambda<\frac{s}{N\lambda^{\frac{N-2s}{2s}}}S_s^{\frac{N}{2s}}$.则存在一个子序列仍记为$\{u_n\}$,整数 $l\in\mathbb{N}\cup\{0\}$以及 $w_\lambda^j\in H^s(\mathbb{R}^N)$,$1\leqslant j\leqslant l$ 使得

(1) 在 $H^s(\mathbb{R}^N)$中 $u_n\rightharpoonup u_\lambda$,且 $J'_\lambda(u_\lambda)=0$,

(2) $w_\lambda^j\neq 0$,$w_\lambda^j\geqslant 0$ 以及 $J'_\lambda(w_\lambda^j)=0$,$1\leqslant j\leqslant l$,

(3) $c_\lambda=J_\lambda(u_\lambda)+\sum\limits_{j=1}^{l}J_\lambda(w_\lambda^j)$,

(4) $\|u_n-u_\lambda-\sum\limits_{j=1}^{l}w_\lambda^j(\cdot-y_n^j)\|\to 0$,

其中对任意 $i\neq j$,$|y_n^j|\to\infty(n\to\infty)$以及$|y_n^i-y_n^j|\to\infty(n\to\infty)$.

证明类似命题 2.2,这里不再赘述.

下面给出辅助问题(2.3)解的存在性的证明.

引理 2.9　假设$(V_1)\sim(V_3)$和$(f_1)\sim(f_3)$成立,如果 $\max\{2,2_s^*-2\}<p<2_s^*$,那么对几乎每个 $\lambda\in[\frac{1}{2},1]$,$I_\lambda$ 有一个正的临界点记为 u_λ,且满足 $\|u_\lambda\|\geqslant\delta$,其中 $\delta>0$ 不依赖于 λ.

证明　由引理 1.2 和引理 2.5,存在一个有界的序列$\{u_n\}\subset H^s(\mathbb{R}^N)$,$u_n\geqslant 0$ 及 $0<c_\lambda<\frac{s}{N\lambda^{\frac{N-2s}{2s}}}S_s^{\frac{N}{2s}}$,使得

$$I_\lambda(u_n)\to c_\lambda,I_\lambda'(u_n)\to 0$$

那么存在 $u_\lambda\geqslant 0$,使得在 $H^s(\mathbb{R}^N)$中 $u_n\rightharpoonup u_\lambda$.显然有 u_λ 是 I_λ 的临界点.

下面证明 $u_\lambda\neq 0$.假设 $u_\lambda=0$,由命题 2.2,从 $c_\lambda>0$ 得到 $k>0$ 且

$$c_\lambda=\sum_{j=1}^{k}I_\lambda^\infty(v_\lambda^j)\geqslant m_\lambda^\infty:=\inf\{I_\lambda^\infty(u):u\in H^s(\mathbb{R}^N),u\neq 0,I_\lambda^{\infty'}(u)=0\}\tag{2.10}$$

其中 $I_\lambda^{\infty'}(v_\lambda^j)=0(j=1,2,\cdots,k)$.另一方面,由引理 2.6,方程

$$(-\Delta)^s u+V(\infty)u=\lambda f(u)$$

存在最低能量解,记为 v_λ,由引理 2.8,存在 $\gamma_\lambda(t)$,满足 $\gamma_\lambda(0)=0$,$I_\lambda^\infty(\gamma_\lambda(1))<0$,$v_\lambda\in\gamma_\lambda[0,1]$及

$$\max_{t\in[0,1]} I_\lambda^\infty(\gamma_\lambda(t)) = I_\lambda^\infty(v_\lambda) = m_\lambda^\infty$$

由(V_2)，有

$$I_\lambda(\gamma_\lambda(t)) < I_\lambda^\infty(\gamma_\lambda(t)), \forall t \in [0,1]$$

结合 c_λ 的定义可得

$$c_\lambda \leqslant \max_{t\in[0,1]} I_\lambda(\gamma_\lambda(t)) < \max_{t\in[0,1]} I_\lambda^\infty(\gamma_\lambda(t)) = m_\lambda^\infty$$

这与式(2.10)矛盾，所以 $u_\lambda \neq 0$.由条件$(f_1)\sim(f_2)$，和引理 2.7 相同的讨论，由 $u_\lambda \neq 0$，存在一个不依赖 λ 的常数 $\delta_0 > 0$，使得 $\int_{\mathbb{R}^N} |(-\Delta)^{\frac{s}{2}} u_\lambda|^2 \geqslant \delta_0$.所以存在一个不依赖于 λ 的常数 $\delta > 0$，使得 $\| u_\lambda \| \geqslant \delta$.

结论得证.

□

2.4 主要定理证明

引理 2.9 说明，对几乎每个 $\lambda \in [\frac{1}{2},1]$，$I_\lambda(u)$有一个正的临界点 u_λ.这样就得到了一个临界点集合$\{u_\lambda\}$，即满足 $I_\lambda'(u_\lambda)=0$.下面首先说明$\{u_\lambda\}$是 I 的有界的(PS)序列，然后证明当 $\lambda \to 1$ 时$\{u_\lambda\}$的收敛性.最后通过分析极小化序列的特点，得到方程(2.1)基态解的存在性.

首先给出$\{u_\lambda\}$的一致有界性结论.

命题 2.3 假设条件$(V_1)\sim(V_3)$和$(f_1)\sim(f_3)$成立，如果 $\max\{2, 2_s^* - 2\} < p < 2_s^*$，则$\{u_\lambda\}$是一致有界的，即存在不依赖 λ 的常数 $\delta > 0$，使得 $I_\lambda(u_\lambda) \geqslant \delta$.

证明 因为 u_λ 是 $I_\lambda(u)$的临界点，由 Pohozăev 恒等式(2.4)，得到

$$I_\lambda(u_\lambda) = \frac{s}{N}\int_{\mathbb{R}^N} |(-\Delta)^{\frac{s}{2}} u_\lambda|^2 - \frac{1}{2N}\int_{\mathbb{R}^N} \langle \nabla V(x), x\rangle |u_\lambda|^2 \quad (2.11)$$

由命题 2.2，对几乎所有 $\lambda \in [\frac{1}{2},1]$，$I_\lambda(u_\lambda) \leqslant c_\lambda \leqslant c_{\frac{1}{2}}$.由 Hölder 不等式和引理 1.1，

$$\begin{aligned}\int_{\mathbb{R}^N} |(-\Delta)^{\frac{s}{2}} u_\lambda|^2 &= \frac{N}{s} I_\lambda(u_\lambda) + \frac{1}{2s}\int_{\mathbb{R}^N} \langle \nabla V(x), x\rangle |u_\lambda|^2 \\ &\leqslant \frac{N}{s} c_{\frac{1}{2}} + \frac{1}{2sS_s} \| \max\{\langle \nabla V(x), x\rangle, 0\} \|_{\frac{N}{2s}} \int_{\mathbb{R}^N} |(-\Delta)^{\frac{s}{2}} u_\lambda|^2\end{aligned}$$

由(V_3)可得 $\int_{\mathbb{R}^N} |(-\Delta)^{\frac{s}{2}} u_\lambda|^2$ 对 λ 是一致有界的.下面证明 $\| u_\lambda \|_2$ 对 λ 是一

致有界的.从$\langle I_\lambda'(u_\lambda),u_\lambda\rangle=0$可得$\int_{\mathbb{R}^N}|(-\Delta)^{\frac{s}{2}}u_\lambda|^2+\int_{\mathbb{R}^N}V(x)|u_\lambda|^2=\lambda\int_{\mathbb{R}^N}f(u_\lambda)u_\lambda$.由$(f_1)\sim(f_2)$,

$$\begin{aligned}V_0\int_{\mathbb{R}^N}|u_\lambda|^2&\leqslant\int_{\mathbb{R}^N}|(-\Delta)^{\frac{s}{2}}u_\lambda|^2+\int_{\mathbb{R}^N}V(x)|u_\lambda|^2\\&\leqslant\lambda\varepsilon\int_{\mathbb{R}^N}|u_\lambda|^2+\lambda C(\varepsilon)\int_{\mathbb{R}^N}|u_\lambda|^{2_s^*}\\&\leqslant\varepsilon\int_{\mathbb{R}^N}|u_\lambda|^2+C(\varepsilon)\left|\int_{\mathbb{R}^N}|(-\Delta)^{\frac{s}{2}}u_\lambda|^2\right|^{\frac{2_s^*}{2}}\end{aligned}$$

因此,$\|u_\lambda\|_2$是一致有界的.

下面证明$I_\lambda(u_\lambda)\geqslant\delta>0$.由引理2.9,存在不依赖于$\lambda$的$\delta_0>0$,使得$\|u_\lambda\|\geqslant\delta_0$.另一方面,

$$\begin{aligned}I_\lambda(u_\lambda)&\geqslant\frac{s}{N}\int_{\mathbb{R}^N}|(-\Delta)^{\frac{s}{2}}u_\lambda|^2-\frac{1}{2N}\int_{\mathbb{R}^N}\max\{\langle\nabla V(x),x\rangle,0\}|u_\lambda|^2\\&\geqslant\frac{s}{N}\int_{\mathbb{R}^N}|(-\Delta)^{\frac{s}{2}}u_\lambda|^2-\frac{1}{2NS_s}\|\max\{\langle\nabla V(x),x\rangle,0\}\|_{\frac{N}{2s}}\int_{\mathbb{R}^N}|(-\Delta)^{\frac{s}{2}}u_\lambda|^2\end{aligned}$$

再由(V_3)可得存在不依赖于λ的$\delta>0$,使得$I_\lambda(u_\lambda)\geqslant\delta$.

证明结束.

□

下面,记u_λ为u_{λ_j},当$j\to\infty$时$\lambda_j\to1$.

引理 2.10 设$(V_1)\sim(V_3)$和$(f_1)\sim(f_3)$成立,若$\max\{2,2_s^*-2\}<p<2_s^*$,则序列$\{u_{\lambda_j}\}$是能量泛函$I$有界的(PS)序列,且满足$\limsup\limits_{j\to\infty}I(u_{\lambda_j})\leqslant c_1$和$\|u_{\lambda_j}\|\not\to0$.

证明 由引理2.9,有$\|u_{\lambda_j}\|\not\to0$.从命题2.3可知$\|u_{\lambda_j}\|$是一致有界的,因此由$(f_1)\sim(f_2)$可得$\int_{\mathbb{R}^N}F(u_{\lambda_j})$是有界的.命题2.2中的性质(ⅲ)说明,对任意$u_{\lambda_j}$,$I_{\lambda_j}(u_{\lambda_j})\leqslant c_{\lambda_j}$,结合

$$I(u_{\lambda_j})=I_{\lambda_j}(u_{\lambda_j})+(\lambda_j-1)\int_{\mathbb{R}^N}F(u_{\lambda_j})\tag{2.12}$$

可得$\limsup\limits_{j\to\infty}I(u_{\lambda_j})\leqslant c_1$及$I'(u_{\lambda_j})\to0$.

证明结束.

□

最后给出定理2.1的证明.

证明 结合引理2.10,命题2.3和式(2.12),存在一个子列仍记为$\{u_{\lambda_j}\}$满足:

(ⅰ) $\{u_{\lambda_j}\}$有界,

(ⅱ) $I(u_{\lambda_j})\to c\leqslant c_1$,

(ⅲ) $I'(u_{\lambda_j})\to 0$,

其中 $c>0$.也就是说,存在一个有界的(PS)序列$\{u_{\lambda_j}\}$,满足引理 2.9 中 $\lambda=1$ 时的条件,所以 I 存在一个非平凡临界点 u_0,且满足 $I(u_0)\leqslant c_1$.

下面证明基态解的存在性.令

$$m=\inf\{I(u):u\in H^s(\mathbb{R}^N),u\neq 0,I'(u)=0\}$$

显然,$m\leqslant I(u_0)\leqslant c_1=\frac{s}{N}S_s^{\frac{N}{2s}}$.设$\{u_n\}$是 I 的一个极小化临界点序列,即满足 $I(u_n)\to m$.既然 $I(u_n)$是有界的,类似命题 2.3 中对取 $\lambda=1$ 时的证明,得到$\{u_n\}$是一致有界的,且存在 $\delta>0$,使得 $I(u_n)\geqslant\delta>0$,所以 $m>0$,因此$\{u_n\}$是一个有界的(PS)序列,且满足下面条件:

(ⅰ) $\{u_n\}$有界,

(ⅱ) $I(u_n)\to m\leqslant c_1$,

(ⅲ) $I'(u_n)=0$.

由命题 2.2,存在 $\tilde{u}$ 使得 $I'(\tilde{u})=0$ 和 $I'(\tilde{u})\leqslant m$.

下面证明 $\tilde{u}\neq 0$.假设 $\tilde{u}=0$,那么由命题 2.2,得到

$$m=\sum_{j=1}^{k}I^{\infty}(w^j)\geqslant m^{\infty}:=\inf\{I^{\infty}(u):u\in H^s(\mathbb{R}^N),u\neq 0,I^{\infty\prime}(u)=0\}$$

其中 $k>0$,$w^j(j=1,2,\cdots,k)$是 I^{∞} 的临界点.另一方面,类似引理 2.9 的讨论,存在 $\gamma(t)$满足

$$\max_{t\in[0,1]}I^{\infty}(\gamma(t))=m^{\infty}$$

由 c_1 的定义,可得 $m\leqslant c_1\leqslant\max\limits_{t\in[0,1]}I(\gamma(t))$.从条件($V_2$),可以得到

$$m\leqslant c_1<m^{\infty}$$

得到矛盾,所以 $\tilde{u}\neq 0$.那么由 $I'(\tilde{u})=0$ 及 $\tilde{u}\neq 0$ 可得 $I(\tilde{u})\geqslant m$.所以存在一个临界点 $\tilde{u}\neq 0$,满足 $I(\tilde{u})=m$,即 $\tilde{u}\neq 0$ 为方程(2.1)的基态解.

证明结束.

□

3 具有临界指数的分数阶奇异扰动方程解的存在性和集中性

3.1 引言及主要结论

本章研究具有临界指数的分数阶奇异扰动问题

$$\varepsilon^{2s}(-\Delta)^s u+V(x)u=f(u), x\in\mathbb{R}^N \tag{3.1}$$

解的存在性和集中性.其中 $0<s<1$,$\varepsilon>0$ 是一个充分小的数,$V(x)$为非负势函数,$f\in C(\mathbb{R},\mathbb{R})$.奇异扰动问题描述的是量子力学中的半经典状态,对于其解的存在性和集中性研究一直是大家的热点问题.

算子的非局部性和临界时嵌入紧性的缺失,对问题的研究带来了很大的困难.即使是次临界的结果也是相对较少,文献[91]中,Dávila 等对特殊的 $f(u)=u^p$ $(1<p<2_s^*-1)$,得到了正解的存在性,且证明了当 $\varepsilon\to 0$ 时,解集聚集于 $V(x)$的非平凡临界点处或 $V(x)$的局部最大值点.同样在次临界情形下,Alves 等[92]在满足(AR)条件和单调性条件下得到了单峰解的存在性.也是在次临界情形下,Seok[93]在 Berestycki-Lions 型条件下,利用扩展技巧,讨论了奇异扰动问题(3.1)的解的存在性和集中性.

而对于临界问题,He 等[75]首次给出了奇异扰动问题(3.1)解的存在性和集中性,但是对非线性项需要满足如下条件:

(H_1) 存在 $q,\sigma\in(2,2_s^*)$,$C_0>0$ 使得

$$f(t)\geqslant t^{2_s^*-1}+C_0t^{q-1}, \forall t\geqslant 0, \lim_{t\to\infty}\frac{f(t)-t^{2_s^*-1}}{t^{\sigma-1}}=0$$

(H_2) 存在 $\theta>2$,满足对所有 $t>0$,$0<\theta F(t)\leqslant f(t)t$,其中 $F(t):=\int_0^t f(t)\mathrm{d}t$;

(H_3) 当 $t>0$ 时，$\frac{f(t)}{t}$ 递增.

其中(H_2)是(AR)条件，(H_3)是单调性条件.那么在临界情形下，在没有(AR)条件和单调性条件时，是否有类似的结果呢？本章给出一个肯定的回答.

首先，通过伸缩变换 $x \to x/\varepsilon$，记 $V_\varepsilon(x)=V(\varepsilon x)$，则方程(3.1)等价为：

$$(-\Delta)^s u + V_\varepsilon(x)u = f(u), x \in \mathbb{R}^N \tag{3.2}$$

下面对方程(3.2)进行讨论.非线性项 f 和 V 满足的条件为：

(F_1) $f \in C^1(\mathbb{R}^+, \mathbb{R})$，$\lim\limits_{t \to 0} f(t)/t = 0$，$t \leqslant 0$ 时 $f(t) \equiv 0$，

(F_2) $\lim\limits_{t \to \infty} f(t)/t^{2_s^*-1} = 1$，

(F_3) 存在 $\widetilde{C}>0$，$p<2_s^*$，使得 $f(t) \geqslant t^{2_s^*-1} + \widetilde{C}t^{p-1}$，$t \geqslant 0$，

(V_1) $V \in C(\mathbb{R}^N, \mathbb{R})$，$0<V_0=\inf\limits_{x \in \mathbb{R}^N} V(x)$，

(V_2) 存在一个有界区域 O，使得

$$m \equiv \inf_{x \in O} V(x) < \min_{x \in \partial O} V(x)$$

设 $\mathcal{M} \equiv \{x \in O : V(x) = m\}$.

定义 3.1 (极限方程) 称

$$(-\Delta)^s u + mu = f(u), u \in H^s(\mathbb{R}^N) \tag{3.3}$$

为方程(3.2)的极限方程.

本章的主要结果如下.

定理 3.1 设 $N>2s$，假设 $V(x) \in C^1(\mathbb{R}^N, \mathbb{R})$ 且满足(V_1)~(V_2)，非线性项 f 满足(F_1)-(F_3)，其中 $\max\{2_s^*-2, 2\}<p<2_s^*$，那么对充分小的 $\varepsilon>0$，奇异扰动方程(3.1)存在一个正解 v_ε.而且，v_ε 存在一个最大值点 y_ε 使得 $\lim\limits_{\varepsilon \to 0} \operatorname{dist}(y_\varepsilon, \mathcal{M})=0$ 且 $w_\varepsilon(x) \equiv v_\varepsilon(\varepsilon x + y_\varepsilon)$(抽取子列)一致收敛到极限方程(3.3)的一个最低能量解.

注 3.1 本定理将次临界下的结果[93]推广到了临界情形，给出了具有一般非线性项奇异扰动问题解的存在性和集中性，所给的条件比临界情形下文献[75]中的条件更弱，既没有(AR)条件，也没有单调性条件.

该问题的主要困难有三点.首先，因为没有(AR)条件，(PS)序列的有界性很难得到.为此，在极限问题的基态解集邻域寻找解.其次，由于临界指标的出现，(PS)序列的紧性往往不成立，本书采用截断的方法，详细来说就是，通过 Moser 迭代技巧，得到极限问题基态解的 L^∞ 模一致估计，将原问题转化到次临界问题，证明了这个截断问题解的存在性.最后通过椭圆估计，证明所得解也是原问

题的解.第三,在截断问题讨论中,极限问题基态解的 L^∞ 模一致估计起到很大作用,文献[63]中介绍了次临界情形下有界区域 Ω 上的分数阶方程一个正解的 $L^\infty(\Omega)$ 估计,而这里讨论全空间上的临界问题的基态解集的一致 L^∞ 模估计,所以无法直接运用.本书利用平移后基态解集的紧性,结合 Moser 迭代方法进行证明.

3.2 预备知识

3.2.1 变分框架

利用变分法讨论问题(3.2),需要定义如下分数阶 Sobolev 空间.

定义 3.2 $D^s(\mathbb{R}^N)$的一个 Hilbert 子空间 $H^s_{V_\varepsilon}(\mathbb{R}^N)$,其范数为

$$\| u \|_{H^s_{V_\varepsilon}(\mathbb{R}^N)} := \left(\int_{\mathbb{R}^N} (| (-\Delta)^{\frac{s}{2}} u(x) |^2 + V_\varepsilon(x)u^2)\mathrm{d}x\right)^{\frac{1}{2}} < \infty$$

方程(3.2)对应的能量泛函 $I: H^s_{V_\varepsilon(x)}(\mathbb{R}^N) \to \mathbb{R}$ 定义为:

$$I(u) = \frac{1}{2}\int_{\mathbb{R}^N} (| (-\Delta)^{\frac{s}{2}} u(x) |^2 + V_\varepsilon(x)u^2)\mathrm{d}x - \int_{\mathbb{R}^N} F(u)\mathrm{d}x, \forall u \in H^s_{V_\varepsilon}(\mathbb{R}^N)$$

其中 $F(t) = \int_0^t f(t)\mathrm{d}t$.在条件$(F_1)\sim(F_3)$下,$I(u) \in C^1$.

定义 3.3 $u \in H^s_{V_\varepsilon}(\mathbb{R}^N)$称为式(3.2)的弱解,如果

$$\int_{\mathbb{R}^N} ((-\Delta)^{\frac{s}{2}} u (-\Delta)^{\frac{s}{2}} \phi + V_\varepsilon(x)u\phi)\mathrm{d}x = \int_{\mathbb{R}^N} f(u)\phi\mathrm{d}x, \forall \phi \in H^s_{V_\varepsilon}(\mathbb{R}^N)$$

3.2.2 延展问题

在整个空间上,分数阶拉普拉斯算子$(-\Delta)^s$ 可通过傅里叶变换定义,如式(1.25),或者等价地定义为奇异积分(1.26)和(1.27).在文献[16]中,Caffarelli 和 Silvestre 介绍了分数阶拉普拉斯算子的一种扩展定义,通过增加一个新的变量,使其成为一个局部算子.该方法中通过将一个 Dirichlet 问题转化到$\mathbb{R}^{N+1}_+ := \mathbb{R}^N \times (0, +\infty)$上的一个 Neumann 型算子,从而给出$\mathbb{R}^N$ 空间中分数阶拉普拉斯算子的局部解释.

定义 3.4[16] u 的 s-齐次扩展定义为：

$$U(x,t)=\int_{\mathbb{R}^N} P_s(x-\xi,t)u(\xi)\mathrm{d}\xi \tag{3.4}$$

$P_s(x,t)=C_{N,s}\dfrac{t^{2s}}{(|x|^2+|t|^2)^{\frac{N+2s}{2}}}$，其中 $C_{N,s}$ 满足 $\int_{\mathbb{R}^N} P_s(x,1)\mathrm{d}x=1$.

定义 3.5[122] 空间 $D^1(t^{1-2s},\mathbb{R}_+^{N+1})$ 指的是 $C_0^\infty(\overline{\mathbb{R}_+^{N+1}})$ 关于范数

$$\| U \|^2_{D^1(t^{1-2s},\mathbb{R}_+^{N+1})}=\int_{\mathbb{R}_+^{N+1}} t^{1-2s}\ |\nabla U(x,t)|^2\mathrm{d}x\mathrm{d}t$$

的完备化空间，并且有

$$\| U \|_{D^1(t^{1-2s},\mathbb{R}_+^{N+1})}=\sqrt{N_s}\ \| u \|_{D^s(\mathbb{R}^N)} \tag{3.5}$$

其中 $N_s=2^{1-2s}\Gamma(1-s)/\Gamma(s)$.

引理 3.1[16,122] 设 $u\in D^s(\mathbb{R}^N)$，如下问题的解 $U\in D^1(t^{1-2s},\mathbb{R}_+^{N+1})$ 为 u 的 s-齐次扩展，

$$\begin{cases}-\operatorname{div}(t^{1-2s}\nabla U)=0, x\in \mathbb{R}_+^{N+1}\\ U(x,0)=0 \qquad\qquad x\in \mathbb{R}^N\end{cases}$$

且满足：

$$-\lim_{t\to 0} t^{1-2s}\partial_t U(x,t)=N_s(-\Delta)^s u(x)$$

记 $U\doteq E_s(u)$ 为 u 的 s-齐次扩展，称 $u=tr(U)=U(x,0)$ 为 U 的迹.

引理 3.2[122，命题 2.1] 对任意 $U\in D^1(t^{1-2s},\mathbb{R}_+^{N+1})$，它的迹 $U(x,0)$ 属于 $D^s(\mathbb{R}^N)$，且迹映射是连续的，即存在常数 $C>0$，满足

$$\| U(x,0) \|_{D^s(\mathbb{R}^N)}\leqslant C\| U \|_{D^1(t^{1-2s},\mathbb{R}_+^{N+1})} \tag{3.6}$$

由 s-齐次扩展，方程(3.2)的扩展问题为，

$$\begin{cases}-\operatorname{div}(t^{1-2s}\nabla U)=0, & (x,t)\in\mathbb{R}_+^{N+1}\\ -\dfrac{1}{N_s}\lim\limits_{t\to 0} t^{1-2s}\partial_t U(x,t)=-V_\varepsilon(x)U(x,0)+f(U(x,0)), & x\in\mathbb{R}^N\end{cases} \tag{3.7}$$

定义 $U\in D^1(t^{1-2s},\mathbb{R}_+^{N+1})$ 的集合构成的函数空间 H_0 和 H_{V_ε}，相应范数分别为：

$$\| U \|_0^2=\int_{\mathbb{R}_+^{N+1}} t^{1-2s}\ |\nabla U(x,t)|^2\mathrm{d}x\mathrm{d}t+\int_{\mathbb{R}^N} U^2(x,0)\mathrm{d}x<\infty,$$

$$\| U \|_{V_\varepsilon}^2=\int_{\mathbb{R}_+^{N+1}} t^{1-2s}\ |\nabla U(x,t)|^2\mathrm{d}x\mathrm{d}t+\int_{\mathbb{R}^N} V_\varepsilon(x)U^2(x,0)\mathrm{d}x<\infty$$

3.2.3 椭圆估计

设 $\Omega_r := B_r^N(0)\times(0,r)$.考虑如下非线性 Neumann 边值问题

$$\begin{cases} -\operatorname{div}(t^{1-2s}\nabla U)=0, & (x,t)\in\Omega_1 \\ -\lim\limits_{t\to 0}t^{1-2s}\partial_t U(x,t)=a(x)U(x,0)+g(x), & x\in B_1^N(0) \end{cases} \tag{3.8}$$

设 $H^1(t^{1-2s},\Omega_r)$是具有如下范数的带权重的 Sobolev 空间,

$$\begin{aligned}\| U(x,t)\|^2_{H^1(t^{1-2s},\Omega_r)} &= \int_{\Omega_r} |t|^{1-2s}(U^2+|\nabla U|^2) \\ &= \| U(x,t)\|^2_{L^2(t^{1-2s},\Omega_r)} + \| U(x,t)\|^2_{D^1(t^{1-2s},\Omega_r)}\end{aligned}$$

利用齐次扩展研究解的存在和集中现象,需要扩展问题的椭圆估计.

命题 3.1[93,122](De Giorgi-Nash-Moser 型估计) 假设 $a,g\in L^p(B_1^N(0))$对某个 $p>\dfrac{N}{2s}$成立,

(1) 如果 $U\in H^1(t^{1-2s},\Omega_1)$是(3.8)的一个弱解,那么有 $U\in L^\infty(\Omega_{1/2})$且存在一个依赖于 N,s,p 和 $\| a\|_{L^p(B_1^N(0))}$的常数 $C>0$,满足

$$\sup_{\Omega_{1/2}} U\leqslant C(\| U\|_{L^2(t^{1-2s},\Omega_1)}+\| g\|_{L^p(B_1^N(0))}) \tag{3.9}$$

(2) 如果 $U\in H^1(t^{1-2s},\Omega_1)$是(3.8)的一个弱解,那么存在一个依赖于 N, s,p 的常数 $\alpha\in(0,1)$,使得 $U\in C^\alpha(\overline{\Omega_{1/2}})$,且存在一个依赖于 N,s,p 和 $\| a^+\|_{L^p(B_1^N(0))}$的常数 $C>0$,使得

$$\| U\|_{C^\alpha(\overline{\Omega_{1/2}})}\leqslant C(\| U^+\|_{L^\infty(\Omega_1)}+\| g\|_{L^p(B_1^N(0))}) \tag{3.10}$$

3.3 极限问题及其延展问题的基态解

要研究方程(3.2)的半经典解,下面的极限方程起到了重要的作用,

$$(-\Delta)^s u+mu=f(u),u\in H^s(\mathbb{R}^N) \tag{3.11}$$

记 $g(u)=f(u)-mu$,则在次临界情形下有如下正的基态解的存在性结论.

定理 3.2[72] 对方程

$$(-\Delta)^s u=g(u),x\in\mathbb{R}^N$$

如果非线性 g 项满足如下的 Berestycki-Lions 型条件:

(G_1) $g\in C^1(\mathbb{R},\mathbb{R}),g(0)=0$;

(G_2) 存在 $\mu_1>0,\mu_2>0$,使得

$$-\infty<-\mu_1 \doteq \liminf_{t\to 0+} g(t)/t \leqslant \limsup_{t\to 0+} g(t)/t \doteq -\mu_2;$$

(G_3) $-\infty<\limsup\limits_{t\to+\infty} g(t)/t^{2_s^*-1}\leqslant 0$;

(G_4) 存在 $\zeta>0$,使得 $G(\zeta)=\int_0^{\zeta} g(t)\mathrm{d}t>0$,

则方程存在一个正的基态解.

而在临界情形下,方程(3.11)基态解相关结论如下.

命题 3.2[74] 如果 f 满足(F_1)~(F_3),则

(1) 极限方程(3.11)存在正的径向对称基态解,

(2) 设 S_m 是极限方程(3.11)正的径向对称的最大值点为零的基态解集合,则 S_m 在 $H_r^s(\mathbb{R}^N)$中是紧的,

(3) 对任意 $u\in S_m$,u 满足 Pohozăev 恒等式

$$\frac{N-2s}{2}\int_{\mathbb{R}^N} |(-\Delta)^{\frac{s}{2}}u|^2=N\int_{\mathbb{R}^N} G(u) \tag{3.12}$$

其中 $G(u)=\int_{\mathbb{R}^N} F(u)-\frac{m}{2}u^2$,

(4) 对任意 $u\in S_m$,u 也是山路解.

命题 3.2 给出了关于极限方程(3.11)基态解的存在性和紧性结论.由 s-齐次扩展,极限方程(3.11)的扩展问题为,

$$\begin{cases}-\operatorname{div}(t^{1-2s}\nabla U)=0, & (x,t)\in\mathbb{R}_+^{N+1}\\ -\frac{1}{N_s}\lim\limits_{t\to 0}t^{1-2s}\partial_t U(x,t)=-mU(x,0)+f(U(x,0)), & x\in\mathbb{R}^N\end{cases} \tag{3.13}$$

定义 3.6 称 $U\in H_0$ 为方程(3.13)的弱解,如果对任意 $V\in H_0$,满足

$$\int_{\mathbb{R}_+^{N+1}} t^{1-2s}\nabla U\nabla V\mathrm{d}x\mathrm{d}t+N_s\int_{\mathbb{R}^N}[mU(x,0)-f(U(x,0))]V(x,0)\mathrm{d}x=0$$

由上面讨论知道,如果 $U\in H_0$ 是(3.13)的弱解,那么 $U(x,0)\in H^s(\mathbb{R}^N)$是(3.11)的弱解.类似可以定义(3.7)的弱解,且得到问题(3.2)和(3.7)解之间的关系.

下面讨论扩展问题(3.13)基态解的存在性和紧性.

命题 3.3 在定理 3.1 的假设条件下,问题(3.13)存在一个正的基态解.记 $\widetilde{S}_m$ 为其基态解 U 的集合,其中 U 的迹 $tr(U)$是径向对称的且在 $0\in\mathbb{R}^N$ 达到最大值,那么 $\widetilde{S}_m$ 是紧的.

证明 由命题 3.2,在定理 3.1 的假设条件下,极限方程(3.11)存在一个最低能量解.记 S_m 为正的径向对称的且衰减的基态解集,那么 S_m 在 $H^s(\mathbb{R}^N)$中

是紧的.

定义(3.11)和(3.13)的能量泛函分别为:

$$I(u)=\frac{1}{2}\int_{\mathbb{R}^N}|(-\Delta)^{\frac{s}{2}}u|^2\mathrm{d}x+\int_{\mathbb{R}^N}\left[\frac{1}{2}mu^2-F(u)\right]\mathrm{d}x$$

$$J(U)=\frac{1}{2}\int_{\mathbb{R}_+^{N+1}}t^{1-2s}|\nabla U|^2\mathrm{d}x\mathrm{d}t+N_s\int_{\mathbb{R}^N}\left[\frac{1}{2}mU(x,0)^2-F(U(x,0))\right]\mathrm{d}x$$

从上面对扩展问题的讨论,通过计算得到 $J(U)=N_sI(u)$,因此得到方程(3.11)和(3.13)的解是一对一的.设 $\{u_n\}\in S_m$,因为 S_m 是紧的,存在子列 u_n 在 S_m 强收敛到 u_0.记 $U_n=E_s(u_n)$ 及 $U_0=E_s(u_0)$ 为方程(3.13)的分别关于 u_n 和 u_0 的解,那么 $U_n\in\widetilde{S}_m$ 和 $U_0\in\widetilde{S}_m$.为了证明 $\widetilde{S}_m$ 是紧的,只要证明 $\|U_n-U_0\|_0\to0$.既然 U_n 和 U_0 为(3.13)的(弱)解,对任意 $\phi\in H_0$,有

$$\int_{\mathbb{R}_+^{N+1}}t^{1-2s}(\nabla U_n\nabla\phi)\mathrm{d}x\mathrm{d}t=N_s\int_{\mathbb{R}^N}[f(U_n(x,0)-mU_n(x,0))]\phi(x,0)\mathrm{d}x \tag{3.14}$$

和

$$\int_{\mathbb{R}_+^{N+1}}t^{1-2s}(\nabla U_0\nabla\phi)\mathrm{d}x\mathrm{d}t=N_s\int_{\mathbb{R}^N}[f(U_0(x,0))-mU_0(x,0)]\phi(x,0)\mathrm{d}x \tag{3.15}$$

由方程(3.14)和(3.15),得到

$$\begin{aligned}&\int_{\mathbb{R}_+^{N+1}}t^{1-2s}(\nabla U_n-\nabla U_0)\nabla\phi\mathrm{d}x\mathrm{d}t\\=&\ N_s\int_{\mathbb{R}^N}[f(U_n(x,0))-f(U_0(x,0))-m(U_n(x,0))-U_0(x,0)]\phi(x,0)\mathrm{d}x\end{aligned}$$

因为 u_n 在 $H^s(\mathbb{R}^N)$强收敛到 u_0,则有

$$\lim_{n\to\infty}\int_{\mathbb{R}_+^{N+1}}t^{1-2s}(\nabla U_n-\nabla U_0)\nabla\phi=0$$

令 $\phi=U_n-U_0$,那么

$$\lim_{n\to\infty}\int_{\mathbb{R}_+^{N+1}}t^{1-2s}|\nabla U_n-\nabla U_0|^2=0$$

这说明 $\lim\limits_{n\to\infty}\|U_n-U_0\|^2_{D^1(t^{1-2s},\mathbb{R}_+^{N+1})}=0$.所以

$$\|U_n-U_0\|_0^2=\|U_n-U_0\|^2_{D^1(t^{1-2s},\mathbb{R}_+^{N+1})}+\|U_n(x,0)-U_0(x,0)\|_2\xrightarrow{n\to\infty}0.$$

所以,$\widetilde{S}_m$ 是紧的.

证明结束.

□

3.3.1 极限问题基态解的先验估计

下面研究极限问题(3.11)和其相应扩展问题(3.13)基态解集的一致 L^∞ 模估计.文献[63]中介绍了次临界情形下有界区域 Ω 上的分数阶方程一个正解的 $L^\infty(\Omega)$ 估计,而这里讨论全空间上的临界问题的基态解集的一致 L^∞ 模估计,所以无法直接应用.利用 S_m 的紧性,将其方法修正,从而得到基态解集的一致 L^∞ 模估计.

命题 3.4 在定理 3.1 的条件下,对任意 $u\in S_m$,有 $u\in L^\infty(\mathbb{R}^N)$,并且 $\sup\{\|u\|_\infty : u\in S_m\}<\infty$.

证明 第一步:证明对任意的 $u\in S_m$,有 $u\in L^\infty(\mathbb{R}^N)$.

令 $\gamma\geqslant 1, T>0$,定义

$$\varphi(t)=\varphi_{\gamma,T}(t)=\begin{cases}0, & t\leqslant 0\\ t^\gamma, & 0<t<T\\ \gamma T^{\gamma-1}(t-T)+T^\gamma, & t\geqslant T\end{cases}$$

容易验证对任意 $t\in\mathbb{R}$,$\varphi'(t)\leqslant\gamma T^{\gamma-1}$ 及 $t\varphi'(t)\leqslant\gamma\varphi(t)$.因为 $\varphi(t)$是凸的,所以 $(-\Delta)^s\varphi(u)\leqslant\varphi'(u)(-\Delta)^s u$,从而 $\|\varphi(u)\|_{D^s(\mathbb{R}^N)}\leqslant\gamma T^{\gamma-1}\|u\|_{D^s(\mathbb{R}^N)}$.另一方面,由引理 1.2,存在 $C>0$,使得

$$\|\varphi(u)\|_{D^s(\mathbb{R}^N)}\geqslant C\|\varphi(u)\|_{2_s^*} \tag{3.16}$$

从$(F_1)\sim(F_2)$可知,存在一个常数 $C>0$,使得对 $t>0$,$f(t)\leqslant\dfrac{mt}{2}+Ct^{2_s^*-1}$.因为 $u\geqslant 0$,可得在 $\mathbb{R}^N$ 中$(-\Delta)^s u\leqslant Cu^{2_s^*-1}$,从而有

$$\|\varphi(u)\|^2_{D^s(\mathbb{R}^N)}=\int_{\mathbb{R}^N}\varphi(u)\varphi'(u)(-\Delta)^s u\leqslant C\int_{\mathbb{R}^N}\varphi(u)\varphi'(u)u^{2_s^*-1} \tag{3.17}$$

结合(3.16)及 $u\varphi'(u)\leqslant\gamma\varphi(u)$,推出

$$\|\varphi(u)\|^2_{2_s^*}\leqslant C\int_{\mathbb{R}^N}\varphi(u)\varphi'(u)uu^{2_s^*-1}\leqslant C_\gamma\int_{\mathbb{R}^N}\varphi^2(u)u^{2_s^*-1} \tag{3.18}$$

其中 $C_\gamma=C\gamma$.由 Hölder 不等式,推出

$$\int_{\mathbb{R}^N}\varphi^2(u)u^{2_s^*-2}=\int_{\{u\leqslant R\}}\varphi^2(u)u^{2_s^*-2}-\int_{\{u>R\}}\varphi^2(u)u^{2_s^*-2}$$

$$\leqslant \int_{\{u\leqslant R\}} \varphi^2(u) R^{2_s^*-2} + \|\varphi(u)\|_{2_s^*}^2 \left(\int_{\{u>R\}} u^{2_s^*}\right)^{\frac{2_s^*-2}{2_s^*}} \tag{3.19}$$

因为 $u\in H^s(\mathbb{R})$，取 R 足够大时有 $\left(\int_{\{u>R\}} u^{2_s^*}\right)^{\frac{2_s^*-2}{2_s^*}} \leqslant \frac{1}{2C_\gamma}$.由 $\varphi(u)\leqslant u^\gamma$，结合式(3.18) 和式(3.19) 可得

$$\|\varphi(u)\|_{2_s^*}^2 \leqslant \widetilde{C}_\gamma R^{2_s^*-2}\int_{\mathbb{R}^N} u^{2\gamma}$$

其中 $\widetilde{C}_\gamma>0$ 是个常数.如果 $u\in L^{2\gamma}(\mathbb{R})$，令 $T\to\infty$，则 $u\in L^{2_s^*\gamma}(\mathbb{R}^N)$.通过迭代，对任意 $p\geqslant 2$，可得 $u\in L^p(\mathbb{R})$. 结合(3.18) 及 $\varphi(u)\leqslant u^\gamma$，得到 $\|u\|_{2_s^*\gamma}^{2\gamma}\leqslant C_\gamma\int_{\mathbb{R}^N} u^{2_s^*+2\gamma-2}$.

记 $\gamma_1=2_s^*/2$ 和 $2_s^*+2\gamma_{i+1}-2=2_s^*\gamma_i$，$i=1,2,\cdots$，那么有

$$\gamma_{i+1}-1=\left(\frac{2_s^*}{2}\right)^i(\gamma_1-1)$$

和

$$\left(\int_{\mathbb{R}^N} u^{\gamma_{i+1}2_s^*}\right)^{\frac{1}{2_s^*(\gamma_{i+1}-1)}} \leqslant C_{\gamma_{i+1}}^{\frac{1}{2(\gamma_{i+1}-1)}}\left(\int_{\mathbb{R}^N} u^{\gamma_i 2_s^*}\right)^{\frac{1}{2_s^*(\gamma_i-1)}} \tag{3.20}$$

其中 $C_{\gamma_{i+1}}=C\gamma_{i+1}$.记 $K_i=\left(\int_{\mathbb{R}^N} u^{\gamma_i 2_s^*}\right)^{\frac{1}{2_s^*(\gamma_i-1)}}$，那么对 $\tau>0$，

$$K_{\tau+1}\leqslant \prod_{i=2}^{\tau} C_{\gamma_i}^{\frac{1}{2(\gamma_i-1)}} K_1$$

其中 $\frac{1}{\gamma_i-1}=\left(\frac{2}{2_s^*}\right)^{i-1}\frac{1}{\gamma_1-1}\xrightarrow{i\to\infty}0$.因此，存在不依赖 τ 的常数 $C_0>0$，使得 $K_{\tau+1}\leqslant C_0K_1$，即 $\|u\|_{L^\infty}<\infty$.

第二步：任取 $\{u_n\}\in S_m$，证明存在子列仍记为 $\{u_n\}$ 有 $\sup\limits_n\|u_n\|_\infty<\infty$.

同上面的讨论得到，对任意 u_n 有

$$\int_{\mathbb{R}^N}\varphi^2(u_n)u_n^{2_s^*-2} = \int_{\{u_n\leqslant R\}}\varphi^2(u_n)u_n^{2_s^*-2} + \int_{\{u_n>R\}}\varphi^2(u_n)u_n^{2_s^*-2}$$

$$\leqslant \int_{\{u_n\leqslant R\}}\varphi^2(u_n)R^{2_s^*-2} + \|\varphi(u_n)\|_{2_s^*}^2\left(\int_{\{u_n>R\}} u_n^{2_s^*}\right)^{\frac{2_s^*-2}{2_s^*}} \tag{3.21}$$

因为 S_m 是紧的，所以存在子列仍记为 $\{u_n\}$ 在 $H^s(\mathbb{R}^N)$ 中强收敛，则取 R 足够

大时,存在 N_0,使得当时 $n>N_0$,都有 $\left(\int_{\{u_n>R\}} u_n^{2_s^*}\right)^{\frac{2_s^*-2}{2_s^*}} \leqslant \frac{1}{2\widetilde{D}_\gamma}$.同第一步的讨论,$u_n$ 满足式(3.20),其中 $C_{\gamma_{i+1}}=\widetilde{D}_{\gamma_{i+1}}=D\gamma_{i+1}$,$D>0$ 为某个常数.记 $\widetilde{K}_i=\left(\int_{\mathbb{R}^N} u_n^{\gamma_i 2_s^*}\right)^{\frac{1}{2_s^*(\gamma_i-1)}}$,那么对 $\tau>0$,

$$\widetilde{K}_{\tau+1} \leqslant \prod_{i=2}^{\tau} \widetilde{D}_{\gamma_i}^{\frac{1}{2(\gamma_i-1)}} \widetilde{K}_1$$

同样由于 $\frac{1}{\gamma_i-1}=\left(\frac{2}{2_s^*}\right)^{i-1}\frac{1}{\gamma_1-1}\xrightarrow{i\to\infty}0$,得到存在不依赖 τ 和 n 的常数 $\widetilde{D}_0>0$,使得对任意 $n\in N$,$\widetilde{K}_{\tau+1}\leqslant\widetilde{D}_0\widetilde{K}_1$.因此,

$$\| u_n \|_{L^\infty(\mathbb{R}^N)} \leqslant \widetilde{D}_0 \widetilde{K}_1 < \infty, \forall n \in N$$

第三步:证明 $\sup\{\|u\|_\infty : u\in S_m\}<\infty$.

反证,假设 $\sup\{\|u\|_\infty : u\in S_m\}\to\infty$,由上确界的定义,存在序列 $\{u_n\}$ 满足 $\|u_n\|_{L^\infty}\to\infty$,而由第二步的证明,序列存在一个子列是一致 L^∞ 模有界的,这与序列 L^∞ 模一致趋于 ∞ 是矛盾的.

证明结束.

□

3.4 主要定理证明

本节将利用截断方法证明定理 3.1.首先在极限方程的基态解的邻域内构造截断问题的单峰解.其次,通过椭圆估计说明截断问题的解即为原问题的解.

3.4.1 截断问题

由命题 3.4,存在 $\bar{k}>0$ 使得

$$\sup_{u\in S_m} \| u \|_\infty < \tilde{k}$$

对任意 $k>\max\limits_{t\in[0,\bar{k}]} f(t)$,设 $f_k(t)=\min\{f(t),k\}(t\in\mathbb{R})$.下面,考虑截断问题

$$(-\Delta)^s u + V_\varepsilon(x)u = f_k(u), u \in H^s_{V_\varepsilon}(\mathbb{R}^N) \tag{3.22}$$

显然,如果(3.22)的任意解 u_ε 满足 $\|u_\varepsilon\|_\infty\leqslant\bar{k}$,则 u_ε 即为原问题(3.2)的解.下面考虑相应的极限方程

$$(-\Delta)^s u + mu = f_k(u), u \in H^s(\mathbb{R}^N) \tag{3.23}$$

其能量泛函为

$$I_m^k(u) = \frac{1}{2}\int_{\mathbb{R}^N} |(-\Delta)^{\frac{s}{2}} u|^2 + mu^2 - \int_{\mathbb{R}^N} F_k(u)$$

式(3.23)的扩展问题为

$$\begin{cases} -\operatorname{div}(t^{1-2s}\nabla U) = 0, & (x,t) \in \mathbb{R}_+^{N+1} \\ -\dfrac{1}{N_s}\lim\limits_{t\to 0} t^{1-2s}\partial_t U(x,t) = -mU(x,0) + f_k(U(x,0)), & x \in \mathbb{R}^N \end{cases} \tag{3.24}$$

其中 $F_k(t) = \int_0^t f_k(t)\mathrm{d}t$.

引理 3.3 对任意 $k > \max\limits_{t\in[0,\bar{k}]} f(t)$，扩展问题(3.24)存在一个正的最低能量解.

证明 由定理 3.2，只要证明 $f(k)$ 满足 Berestycki-Lions 型条件，其中定理中的 $g(u) = f_k(u) - mu$.条件(G_1)～(G_3)容易验证，下面验证(G_4)，即证明存在 $T > 0$，使得 $mT^2 < 2F_k(T)$.事实上，取任意 $u \in S_m$，由 Pohozǎev 恒等式

$$\frac{N-2s}{2}\int_{\mathbb{R}^N} |(-\Delta)^{\frac{s}{2}} u|^2 = N\int_{\mathbb{R}^N} F(u) - \frac{m}{2}u^2 \tag{3.25}$$

则存在 $x_0 \in \mathbb{R}^N$ 使得 $F(u(x_0)) > \frac{m}{2}u^2(x_0)$.显然，对所有的 $x \in \mathbb{R}^N$，$F_k(u(x)) \equiv F(u(x))$.令 $T = u(x_0) > 0$，得到 $F_k(T) > \frac{m}{2}T^2$.

证明结束.

□

由文献[93，命题 2.5]可知，对问题(3.24)的每一个最低能量解 $U(x,t)$ 的迹 $u = U(x,0)$ 是方程(3.23)正的经典的解.而且 $U(x,t)$ 是一个山路解.记 $\widetilde{S}_m^k$ 为问题(3.24)的最低能量解集，满足 $U(x,0)$ 在 $0 \in \mathbb{R}^N$ 达到最大值，那么 $\widetilde{S}_m^k$ 是紧的.记 E_m^k 为 $u \in \widetilde{S}_m^k$ 的能量.注意对任意 $t > 0$，$f_k(t) \leqslant f(t)$，因为每个解都是山路解，所以可得 $E_m^k \geqslant E_m$.另一方面，由 $\sup\limits_{u\in S_m} \|u\|_\infty < \bar{k}$ 及 f_k 的定义，可得 $S_m \subset S_m^k$，因此 $E_m^k \leqslant E_m$，所以有

$$E_m^k = E_m, k > \max_{t\in[0,\bar{k}]} f(t)$$

引理 3.4 对 $k > \max\limits_{t\in[0,\bar{k}]} f(t)$，有 $S_m^k = S_m$.

证明 显然，$S_m \subset S_m^k$.现在证明 $S_m^k \subset S_m$.令

$$T(u)=\int_{\mathbb{R}^N} |(-\Delta)^{\frac{s}{2}}u|^2, V(u)=\int_{\mathbb{R}^N} G(u), V_k(u)=\int_{\mathbb{R}^N} G_k(u)$$

其中 $G(u)=F(u)-\frac{m}{2}u^2, G_k(u)=F_k(u)-\frac{m}{2}u^2$.考虑约束极小化问题

$$M:=\inf\{T(u):V(u)\equiv 1, u\in H^s(\mathbb{R}^N)\} \tag{3.26}$$

和

$$M_k:=\inf\{T(u):V_k(u)\equiv 1, u\in H^s(\mathbb{R}^N)\} \tag{3.27}$$

令 $\tilde{u}_k$ 是(3.27)的最小值点，那么由 Pohozãev 恒等式(3.25)，$u_k=\tilde{u}_k(\frac{x}{\sigma})\in S_m^k$，其中 $\sigma=(\frac{N-2s}{2N}M_k)^{\frac{1}{2s}}$，而且，$u_k$ 是 $T(u)$满足下面约束的最小值点：

$$\left\{u\in H^s(\mathbb{R}^N):V_k(u)=\left(\frac{N-2s}{2N}M_k\right)^{\frac{N}{2s}}\right\}$$

且

$$E_m^k=I_m^k(u_k)=\frac{1}{2}T(u_k)-V_k(u_k)=\frac{s}{N}\left(\frac{N-2s}{2N}\right)^{\frac{N-2s}{2s}}M_k^{\frac{N}{2s}}$$

类似地，得到 $E_m=\frac{s}{N}\left(\frac{N-2s}{2N}\right)^{\frac{N-2s}{2s}}M^{\frac{N}{2s}}$.因为 $E_m=E_m^k$，对 $k>\max\limits_{t\in[0,\bar{k}]}f(t)$，有 $M=M_k$.现在证明 $\tilde{u}_k$ 也是(3.26)的极小值点，从而 $u_k=\tilde{u}_k(\frac{x}{\sigma})\in S_m$，这说明 $S_m^k\subset S_m$.既然 $\tilde{u}_k$ 是(3.27)的极小值点，有

$$T(\tilde{u}_k)=M_k=M \tag{3.28}$$

及

$$T(\tilde{u}_k)=M_kV_k(\tilde{u}_k)=M_k(V_k(\tilde{u}_k))^{\frac{N-2s}{N}}\leqslant M(V(\tilde{u}_k))^{\frac{N-2s}{N}} \tag{3.29}$$

下面只要说明 $V(\tilde{u}_k)=1$.令 $\tilde{w}_k=\tilde{u}_k(\lambda\cdot)$，使得 $V(\tilde{w}_k)=\lambda^{-N}V(\tilde{u}_k)=1$，其中 $\lambda=(V(\tilde{u}_k))^{\frac{1}{N}}$，所以有 $T(\tilde{w}_k)=\lambda^{-N+2s}T(\tilde{u}_k)=(V(\tilde{u}_k))^{\frac{-N+2s}{N}}T(\tilde{u}_k)\geqslant M$，因此 $T(\tilde{u}_k)\geqslant M(V(\tilde{u}_k))^{\frac{N-2s}{N}}$，结合式(3.29)，可得 $T(\tilde{u}_k)=M(V(\tilde{u}_k))^{\frac{N-2s}{N}}$，再由(3.28)可得 $V(\tilde{u}_k)=1$.

证明结束.

□

推论 3.1 对 $k>\max\limits_{t\in[0,\bar{k}]}f(t)$，$\tilde{S}_m^k=\tilde{S}_m$.

注 3.2 由命题 3.3,通过平移变换,$\widetilde{S}_m^k$ 是紧的.

3.4.2 定理 3.1 的证明

第一步:证明截断问题(3.22)解的存在性.

由推论 3.1, 对固定的 $k > \max\limits_{t\in[0,\bar{k}]} f(t)$,有 $\widetilde{S}_m^k = \widetilde{S}_m$.下面,在 $\widetilde{S}_m$ 的某个邻域内构造(3.22)的一个解.具体来说,定义近似解集

$$N_\varepsilon(\rho) = \{\phi_\varepsilon(\cdot - \frac{x_\varepsilon}{\varepsilon})U(\cdot - \frac{x_\varepsilon}{\varepsilon}, t) + w : x_\varepsilon \in M^\delta, U \in \widetilde{S}_m,$$
$$w \in H_{V_\varepsilon}, \delta > 0, \| w \|_{V_\varepsilon} \leqslant \rho\}$$

其中 $M^\delta = \{x \in \mathbb{R}^N : \mathrm{dist}(x, A) \leqslant \delta\}$. $\phi : \mathbb{R}^N \to [0,1]$ 为一个光滑的截断函数,满足

$$\phi(x) = \begin{cases} 1, & |x| \leqslant \delta \\ 0, & |x| \geqslant 2\delta \end{cases}$$

由引理 3.3,f_k 满足文献[93,定理 1.1]中所有的条件,这说明(3.22)存在一个解 u_ε,其中 $u_\varepsilon = U_\varepsilon(\cdot, 0)$,且 $U_\varepsilon \in N_\varepsilon(\rho)$ 是(3.7)的一个解,其中 $f(U(x, 0))$ 由 $f_k(U(x,0))$ 代替.而且,u_ε 存在一个最大值点 x_ε,满足 $\lim\limits_{\varepsilon\to 0}\mathrm{dist}(\varepsilon x_\varepsilon, \mathcal{M})$.由文献[93,定理 3.1]可得当 $\varepsilon \to 0$ 时,$\| u_\varepsilon(\cdot + x_\varepsilon) \to u(\cdot + z_0) \|_{H^s_{V_\varepsilon}(\mathbb{R}^N)} \to 0$,其中 $u \in S_m^k = S_m$ 以及 $z_0 \in \mathbb{R}^N$.

第二步:证明 u_ε 是原来问题(3.2)的一个解.

由第一步的证明,当 $\varepsilon \to 0$ 时,$u_\varepsilon(\cdot + x_\varepsilon)$ 在 $H^s(\mathbb{R}^N)$ 中强收敛到 $u(\cdot + z_0)$.那么类似命题 3.4 的结论,得到存在 $\varepsilon_0 > 0$, $\sup\limits_{\varepsilon \leqslant \varepsilon_0} \| u_\varepsilon \|_\infty < \infty$.由式(3.4)和 $\int_{\mathbb{R}^N} P_s(x,1)\mathrm{d}x = 1$,对任意 $x \in \mathbb{R}^N, t \in \mathbb{R}^+$,

$$|U_\varepsilon(x,t)| \leqslant \| u_\varepsilon \|_{L^\infty(\mathbb{R}^N)} \int_{\mathbb{R}^N} P_s(x,t)\mathrm{d}x = \| u_\varepsilon \|_{L^\infty(\mathbb{R}^N)}$$

所以 $\sup_{\varepsilon\leqslant\varepsilon_0} \| U_\varepsilon \|_{L^\infty(\mathbb{R}^N \times \mathbb{R}^+)} < \infty$.令 $w_\varepsilon(\cdot) = u_\varepsilon(\cdot + x_\varepsilon)$,那么 $w_\varepsilon(0) = \| u_\varepsilon \|_\infty$.为了完成证明,只要证明对充分小的 $\varepsilon > 0$, $w_\varepsilon(0) < \bar{k}$.事实上,$w_\varepsilon = U_\varepsilon(x + x_\varepsilon, 0)$,其中 $U_\varepsilon(x + x_\varepsilon, t)$ 满足

$$\begin{cases} -\mathrm{div}(t^{1-2s} \nabla U_\varepsilon(x + x_\varepsilon, t)) = 0 \\ -\dfrac{1}{N_s} \lim\limits_{t\to 0} t^{1-2s} \partial_t U_\varepsilon(x + x_\varepsilon, t) = -V_\varepsilon(x + x_\varepsilon) U_\varepsilon(x + x_\varepsilon, 0) + f_k(U_\varepsilon(x + x_\varepsilon, 0)) \end{cases}$$

由命题 3.1,存在 $\alpha \in (0,1)$ 及不依赖于 ε 的常数 $C > 0$,满足

$$\|U(\cdot+x_\varepsilon,\cdot)\|_{C^\alpha(\overline{\Omega_{1/2}})}\leqslant C(\|U_\varepsilon\|_{L^\infty(\mathbb{R}^N\times\mathbb{R}^+)}+\|f_k(U_\varepsilon(x+x_\varepsilon,0))\|_{L^p(B_1^N(0))})$$

其中$\overline{\Omega_{1/2}}=\overline{B_{1/2}^N(0)}\times[0,1/2]$.由$\sup\limits_{\varepsilon\leqslant\varepsilon_0}\|U_\varepsilon\|_{L^\infty(\mathbb{R}^N\times\mathbb{R}^+)}<\infty$,可得

$$\sup_{\varepsilon\leqslant\varepsilon_0}\|w_\varepsilon\|_{C^\alpha(B_{1/2}^N(0))}<\infty$$

这说明$\{w_\varepsilon\}$在$B_1^N(0)$关于ε一致有界且等度连续,由 Arzelà-Ascoli 定理,$w_\varepsilon(\cdot)$在$B_1^N(0)$内一致收敛到$u(\cdot+z_0)$,从而对充分小的$\varepsilon>0$,$\|u_\varepsilon\|_\infty=w_\varepsilon(0)<\bar{k}$一致成立.因此,对充分小的$\varepsilon>0$,有$f_k(u_\varepsilon(x))\equiv f(u_\varepsilon(x))$,$x\in\mathbb{R}$,这说明$u_\varepsilon(x)$是原问题(3.2)的一个解.令$v_\varepsilon(\cdot)=u_\varepsilon(\cdot/\varepsilon)$,$y_\varepsilon=\varepsilon x_\varepsilon$,那么$v_\varepsilon$是奇异扰动问题(3.1)的一个解,其最大值点$y_\varepsilon$满足$\lim\limits_{\varepsilon\to0}\mathrm{dist}(y_\varepsilon,\mathcal{M})=0$.证明结束.

□

4 具有临界指数的分数阶 Kirchhoff 方程解及多解的存在性

4.1 引言及主要结论

本章研究两类具有临界指数的分数阶 Kirchhoff 方程解的存在性及多解性.

首先,研究具有临界指数的如下分数阶 Kirchhoff 方程解的存在性,

$$\left(a+b\int_{\mathbb{R}^N}|(-\Delta)^{\frac{s}{2}}u|^2\mathrm{d}x\right)(-\Delta)^s u+u=f(u),x\in\mathbb{R}^N \tag{4.1}$$

其中 $N>2s,0<s<1,a,b$ 是正参数,$f\in C(\mathbb{R},\mathbb{R})$.在上述方程中,同时含有分数阶拉普拉斯算子和 Kirchhoff 两个非局部项,所以问题更为复杂也更困难.在有界区域上,含有 Kirchhoff 项的分数阶问题解的讨论已有较丰富的成果.而在全空间上相关的结果很少,这不仅是由于全空间嵌入紧性的缺失,而且由于 Kirchhoff 项的出现,在高维空间 $N>4s$,山路结构不成立了,从而使得很多临界点理论无法使用.

在全空间上,在次临界条件下,文献[47,48,96,97]等得到了一些分数阶 Kirchhoff 问题解的存在性结论.而对于临界情形,由于临界项的出现,嵌入紧性的缺失,所以相关结论很少,如文献[42,43]在有界区域上,当非线性项满足某些增长性条件和(AR)条件时,讨论了一类分数阶 Kirchhoff 方程解的存在性,得到了解的存在性与参数的关系.而在全空间上,当维数时 $N\leqslant 3$,Liu 等[98]在非线性项满足本章相同条件$(f_1)\sim(f_3)$时,讨论了当势函数满足某些条件下基态解的存在性.

我们讨论在全空间上,空间维数只要满足 $N>2s$ 时,具有临界指数的方程(4.1)解的存在性及 $b\to 0$ 时解的渐近行为.

假设 f 满足下面的条件:

(f_1) $f\in C^1(\mathbb{R}^+,\mathbb{R}),\lim\limits_{t\to 0}f(t)/t=0,f(t)\equiv 0,t\leqslant 0$,

(f_2) $\lim\limits_{t\to\infty}f(t)/t^{2_s^*-1}=1$,

(f_3) 存在 $D>0,p<2_s^*$,使得 $f(t)\geqslant t^{2_s^*-1}+Dt^{p-1},t\geqslant 0$.

主要结论为:

定理 4.1 设 $N>2s$,f 满足(f_1)~(f_3),其中 $\max\{2,2_s^*-2\}<p<2_s^*$,那么:

(1) 存在 $b_0>0$,使得对每个 $b\in(0,b_0)$,方程(4.1)都有一个正的径向对称解,记为 u_b,

(2) 当 $b\to 0$ 时,$\{u_b\}$存在子列仍记为$\{u_b\}$,在 $H_r^s(\mathbb{R}^N)$中收敛到 u,其中 u 是极限方程

$$a(-\Delta)^s u+u=f(u),u\in H_r^s(\mathbb{R}^N)\tag{4.2}$$

的基态解.

注 4.1 本结论突破了对空间维数的限制,在全空间上讨论了问题解的存在性,并给出了当参数 $b\to 0$ 时解的渐近行为.

由于 Kirchhoff 项的出现,在高维空间 $N>4s$,山路结构就不成立了,从而山路定理无法应用.为此,利用局部形变引理和扰动的方法得到一个特殊的有界的(PS)序列,通过特殊的山路,定义了一种新的极小极大值.当 b 很小的时候,称方程(4.1)为极限方程(4.2)的扰动方程,我们在方程(4.2)的基态解邻域内去寻找原问题的解.另一方面,由于 Kirchhoff 项的出现,对有界的(PS)序列,即使弱收敛,也得不到弱收敛的点为能量泛函的临界点,这给紧性的证明带来更大的困难.我们利用该(PS)序列的特殊性以及极限方程(4.2)解的相关结论,恢复紧性,得到了解的存在性结论,并且还得到了 $b\to 0$ 时原问题解的渐近行为.

其次,本章还研究了如下含参数的分数阶 Kirchhoff 方程的多解性,

$$\begin{cases}\left(1+b\int_{\mathbb{R}^N}|(-\Delta)^{\frac{s}{2}}u|^2\right)(-\Delta)^s u=\lambda u+\mu|u|^{q-2}u+|u|^{2_s^*-2}u, & x\in\Omega\\ u=0, & u\in\mathbb{R}^N\backslash\Omega\end{cases}\tag{4.3}$$

其中 $N>2s,s\in(0,1),b,\lambda,\mu>0,\Omega$ 是具有 Lipschitz 边界的有界开区域.对于右端含参数的方程解的讨论,已有丰富结果,如[43,96,99-102]等.但是关于含参数的临界问题解的多解性研究很少,当 $s=1$ 时,文献[118]中讨论了$N=3$,$q=4$ 时相应问题多解的存在性.

本章讨论 $N>2s,2<q\leqslant\min\{4,2_s^*\}$时,方程(4.3)多解性与参数 λ,μ 的关

系.选定 $t_0\in(0,s/N)$,$s_0\in(0,1)$,设 $T=\min\{T_1,T_2\}$,其中

$$T_1=\left(\frac{1-s_0}{4b}\right)^{1/2},T_2=\left(\frac{s-t_0N}{bN}\right)^{1/4}(s_0S_s)^{N/8s}$$

$\lambda^*=\min\{\lambda_1^*,\lambda_2^*\}$,其中

$$\lambda_1^*=\left(\frac{Nt_0}{s\mid\Omega\mid}\right)^{\frac{2s}{N}}s_0S_s,\lambda_2^*=\left[\frac{(q-2)NT^2}{4qs\mid\Omega\mid}\right]^{\frac{2s}{N}}$$

$\lambda_k(k=1,2,\cdots)$ 指分数阶算子 $(-\Delta)^s$ 在 Dirichlet 边值条件下的特征值(见下文).

我们有如下主要定理:

定理 4.2 假设 $N>2s$,$2<q\leqslant\min\{4,2_s^*\}$,则有

(1) 如果 $\lambda\in(\lambda_1-\lambda^*,\lambda_1)$,则对充分小的 $b>0$ 和任意 $\mu>0$,方程(4.3)有一对非平凡解;

(2) 如果 $\lambda_k-\lambda^*<\lambda<\lambda_k=\cdots=\lambda_{k+m-1}<\lambda_{k+m}$,那么对充分小的 $b>0$ 和任意 $\mu>0$,方程(4.3)有 m 对不同的解;

(3) 特别地,当 $N\leqslant 4s$ 且 $q=4$,则上面的结论对任意 $b>0$ 和 $\mu>0$ 足够大都成立.

注 4.2 当 $b\to 0$,$T_1,T_2,\lambda_2^*\to\infty$,因此对充分小 $b>0$,$T=T_2$,$\lambda^*=\lambda_1^*$.

注 4.3 本定理推广了 $s=1$ 时关于方程多解性的结论,不仅在空间维数上不限制在 $N=3$,而且对于右端非线性项满足的条件比文献[118]中更弱.

本结论在证明时主要困难有两方面:首先,由于含有非局部项 $\int_{\mathbb{R}^N}|(-\Delta)^{\frac{s}{2}}u|^2$ 以及 $q\leqslant 4$,(AR)条件不满足,因此(PS)序列的有界性很难得到,为此,利用截断技巧得到截断泛函一个有界的(PS)序列.通过 Cerami 等[123]提出的环绕定理,得到截断问题的多解性.当 b,λ,μ 满足一定的条件时,证明这些解即为原问题的解.其次,由于嵌入紧性的缺失,(PS)条件往往不成立,为了恢复紧性,利用集中紧原理,得到如果 μ 足够大,(PS)条件当能量值低于某个值时仍然成立.

4.2 预备知识

对于问题(4.3)解的研究中,由于特殊的边值条件,为了给出其变分框架,需要引入另外一种分数阶 Sobolev 空间 $X_0^s(\Omega)$(定义如下),并给出一些关于空间的基本结论.另外,本节还给出了环绕定理和集中紧原理.

4.2.1 分数阶 Sobolev 空间 $X_0^s(\Omega)$

为了利用变分法讨论问题(4.3)，合适的空间非常重要.含经典拉普拉斯算子的 Dirichlet 边值问题的边值条件为 $u=0, u\in\partial\Omega$，而这里讨论的问题是非局部的，其边值条件为 $u=0, u\in\mathbb{R}^N\backslash\Omega$，所以在选择 Sobolev 空间时必须将此边值条件考虑在内.

定义 4.1[124](分数阶空间 $X^s(\Omega)$) 设 $s\in(0,1)$，$N>2s$，$\Omega=\mathbb{R}^N$ 是具有 Lipschitz 边界的有界开集，$X^s(\Omega)$是一个从$\mathbb{R}^N$ 到$\mathbb{R}$上 Lebesgue 可测的线性函数空间，定义为：

$$X^s(\Omega)=\{u\in L^2(\Omega):\int_Q\frac{(u(x)-u(y))^2}{|x-y|^{N+2s}}<\infty\}$$

其范数为：

$$\|u\|_{X^s(\Omega)}=\|u\|_{L^2(\Omega)}+\left(\int_Q\frac{(u(x)-u(y))^2}{|x-y|^{N+2s}}\right)^{\frac{1}{2}}$$

其中 $Q=\mathbb{R}^{2N}\backslash\mathcal{O}$，$\mathcal{O}=C\Omega\times C\Omega$，$C\Omega=\mathbb{R}^N\backslash\Omega$.

定义 4.2[124](分数阶空间 $X_0^s(\Omega)$) 设 $s\in(0,1)$，$N>2s$，$\Omega\subset\mathbb{R}^N$ 是具有 Lipschitz 边界的有界开集，分数阶 Sobolev 空间 $X_0^s(\Omega)$定义为：

$$X_0^s(\Omega)=\{u\in X^s(\Omega):u=0 \text{ a.e. } x\in\mathbb{R}^N\backslash\Omega\}$$

由[124,引理 6]，范数可以取为：

$$\|u\|_{X_0^s(\Omega)}=\left(\int_Q\frac{|u(x)-u(y)|^2}{|x-y|^{N+2s}}dxdy\right)^{\frac{1}{2}}$$

$X_0^s(\Omega)$不同于分数阶 Sobolev 空间 $H^s(\mathbb{R}^N)$，然而，由边界$\partial\Omega$ 的连续性，由[125,定理 6]，$X_0^s(\Omega)$可以看成是 $C_0^\infty(\Omega)$关于 $H^s(\mathbb{R}^N)$中范数完备化空间，因为对任意 $u\in X_0^s(\Omega)$，在$\mathbb{R}^N\backslash\Omega$，$u=0$ 几乎处处成立.所以，下文在 $X_0^s(\Omega)$中使用范数

$$\|u\|=\left(\iint_{\mathbb{R}^N\times\mathbb{R}^N}\frac{|u(x)-u(y)|^2}{|x-y|^{N+2s}}dxdy\right)^{\frac{1}{2}}=\left(\int_{\mathbb{R}^N}|(-\Delta)^{\frac{s}{2}}u(x)|^2dx\right)^{\frac{1}{2}}$$

而且，$(X_0^s(\Omega),\|\cdot\|)$是一个 Hilbert 空间，其内积定义为：

$$\langle u,v\rangle=\iint_{\mathbb{R}^N\times\mathbb{R}^N}\frac{(u(x)-u(y))(v(x)-v(y))}{|x-y|^{N+2s}}dxdy$$

下面给出空间$(X_0^s(\Omega)$的一个嵌入引理.

引理 4.1([124,引理 8]) $X_0^s(\Omega)$连续嵌入到 $L^r(\Omega)$，$r\in[1,2_s^*]$，如果

$r\in[1,2_s^*)$，则嵌入是紧的.

4.2.2 环绕定理及集中紧原理

定理 4.3[123]（环绕定理） 设 H 是一个实的 Hilbert 空间，范数记为 $\|\cdot\|$，$I\in C^1(H,\mathbb{R})$ 是 H 上的一个泛函，且满足：

(1) $I(u)=I(-u)$，$I(0)=0$，存在一个常数 c^*，使得能量值在 $(0,c^*)$ 时 (PS) 条件成立，

(2) 存在两个闭子集 $W,V\subset H$ 以及正的常数 $\rho,\gamma,\delta,\delta<\gamma<c^*$，使得对所有的 $u\in W$ 有 $I(u)\leqslant\gamma$，对所有的 $u\in V$，$\|u\|=\rho$ 有 $I(u)\geqslant\delta$，其中 $\dim W\geqslant \operatorname{codim} V$ 且 $\operatorname{codim} V<+\infty$.

那么，I 至少存在 $\dim W-\operatorname{codim} V$ 对临界点，且其临界值属于区间 $[\delta,\gamma]$.

引理 4.2[126]（集中紧原理） 设 $\Omega\subseteq\mathbb{R}^N$ 是一个开子集，序列 $\{u_n\}\subset X_0^s(\Omega)$ 弱收敛到 $u(n\to\infty)$ 且

$$|(-\Delta)^{\frac{s}{2}}u_n|^2\mathrm{d}x\rightharpoonup\mu,\ |u_n|^{2_s^*}\mathrm{d}x\rightharpoonup\upsilon\quad \mathcal{M}(\mathbb{R}^N)\text{ 中}$$

那么，或者在 $L_{\mathrm{loc}}^{2_s^*}(\mathbb{R}^N)$ 中 $u_n\to u$，或者存在一个（至多可数个）不同的点 $\{x_j\}_{j\in J}\subset\overline{\Omega}$ 构成的集合和正数 $\{\upsilon_j\}_{j\in J}$，使得

$$\upsilon=|u|^{2_s^*}\mathrm{d}x+\sum_j\upsilon_j\delta_{x_j}$$

另外，如果 Ω 是有界的，那么存在一个正测度 $\bar{\mu}\in\mathcal{M}(\mathbb{R}^N)$，其中 $\operatorname{supp}\bar{\mu}\subset\overline{\Omega}$ 以及正数 $\{\mu_j\}_{j\in J}$，使得

$$\mu=|(-\Delta)^{\frac{s}{2}}u|^2+\bar{\mu}+\sum_j\mu_j\delta_{x_j},\ \upsilon_j\leqslant\left(\frac{\mu_j}{S_s}\right)^{\frac{2_s^*}{2}}$$

4.3 具有临界指数的分数阶 Kirchhoff 方程解的存在性

本节讨论临界情况下，在空间 $\mathbb{R}^N(N>2s)$ 上，方程(4.1)正解的存在性，并讨论了解的渐近性态.

4.3.1 变分框架

方程(4.1)的能量泛函 $I_b:H^s(\mathbb{R}^N)\to\mathbb{R}$ 定义为：

$$I_b(u)=\frac{1}{2}\int_{\mathbb{R}^N}(a\,|(-\Delta)^{\frac{s}{2}}u|^2+u^2)\,\mathrm{d}x+\frac{b}{4}\left(\int_{\mathbb{R}^N}|(-\Delta)^{\frac{s}{2}}u|^2\right)^2\mathrm{d}x-\int_{\mathbb{R}^N}F(u)\,\mathrm{d}x$$

其中 $F(t)=\int_0^t f(\zeta)\mathrm{d}\zeta$.在条件$(\mathrm{f}_1)\sim(\mathrm{f}_3)$下,$I_b\in C^1(\mathbb{R}^N,\mathbb{R})$.

定义 4.3 称 $u\in H^s(\mathbb{R}^N)$是(4.1)的弱解,如果对任意 $\phi\in H^s(\mathbb{R}^N)$,

$$(a+b\,\|u\|^2_{D^s(\mathbb{R}^N)})\int_{\mathbb{R}^N}(-\Delta)^{\frac{s}{2}}u(-\Delta)^{\frac{s}{2}}\phi\,\mathrm{d}x+\int_{\mathbb{R}^N}u\phi\,\mathrm{d}x=\int_{\mathbb{R}^N}f(u)\phi\,\mathrm{d}x$$

显然,I_b 的临界点是(4.1)的弱解.

定义 4.4 对任意(4.1)的解,有下面的 Pohozǎev 恒等式

$$\frac{N-2s}{2}(a+b\,\|u\|^2_{D^s(\mathbb{R}^N)})\int_{\mathbb{R}^N}|(-\Delta)^{\frac{s}{2}}u|^2\mathrm{d}x+\frac{N}{2}\int_{\mathbb{R}^N}u^2\mathrm{d}x=N\int_{\mathbb{R}^N}F(u)\mathrm{d}x \tag{4.4}$$

极限问题(4.2)在本节中起到了很大作用,其对应的能量泛函为

$$L(u)=\frac{1}{2}\int_{\mathbb{R}^N}(a\,|(-\Delta)^{\frac{s}{2}}u|^2+u^2)\,\mathrm{d}x-\int_{\mathbb{R}^N}F(u)\mathrm{d}x,\ u\in H^s(\mathbb{R}^N)$$

在 f 的假设条件下,不难验证 $L(u)$满足山路结构,山路值 c 定义为

$$c=\inf_{\gamma\in\Gamma_L}\max_{t\in[0,1]}L(\gamma(t))>0$$

这里

$$\Gamma_L=\{\gamma\in C([0,1],H^s(\mathbb{R}^N)),\gamma(0)=0,L(\gamma(1))<0\}$$

下面给出极限问题(4.2)基态解的结论,其证明类似文献[74]中对基态解相关结论的证明.

命题 4.1 假设 $N>2s$,f 满足$(\mathrm{f}_1)\sim(\mathrm{f}_3)$,$\max\{2,2_s^*-2\}<p<2_s^*-2$.设 S_r 是(4.2)正的径向对称基态解集,那么:

(1) S_r 非空且 S_r 在 $H^s(\mathbb{R}^N)$中是紧的,

(2) $c<\frac{s}{N}(aS_s)^{\frac{N}{2s}}$,$c$ 与最低能量值 E 相等,即存在 $\gamma\in\Gamma_L$ 使得 $u\in\gamma(t)$且 $\max_{[0,1]}L(\gamma(t))=E$,其中 $u\in S_r$,

(3) $u\in S_r$ 满足 Pohozǎev 恒等式

$$\frac{N-2s}{2}\int_{\mathbb{R}^N}a\,|(-\Delta)^{\frac{s}{2}}u|^2+\frac{N}{2}\int_{\mathbb{R}^N}u^2\mathrm{d}x=N\int_{\mathbb{R}^N}F(u)\mathrm{d}x \tag{4.5}$$

4.3.2 极小极大水平

为了通过局部形变引理得到有界的(PS)序列,需要定义一个新的极小极大

水平值.取 $U\in S_r$,令

$$U_\tau(x)=U\left(\frac{x}{\tau}\right),\tau>0$$

定义 $\hat{U}=\mathcal{F}(U)$,则 $\hat{U}(\cdot)=\tau^N\hat{U}(\tau\cdot)$,所以

$$\int_{\mathbb{R}^N}|(-\Delta)^{\frac{s}{2}}U_\tau|^2\mathrm{d}x=\int_{\mathbb{R}^N}|\xi|^{2s}|\hat{U}_\tau(\xi)|^2\mathrm{d}\xi=\tau^{N-2s}\int_{\mathbb{R}^N}|(-\Delta)^{\frac{s}{2}}U|^2\mathrm{d}x$$

由 Pohozǎev 等式(4.5),

$$L(U_\tau)=\left(\frac{a\tau^{N-2s}}{2}-\frac{N-2s}{2N}\tau^N\right)\int_{\mathbb{R}^N}|(-\delta)^{\frac{s}{2}}U|^2$$

因此,存在 $\tau_0>1$,使得对 $\tau\geqslant\tau_0$ 时,$L(U_\tau)<-2$.令

$$D_b\equiv\max_{\tau\in[0,\tau_0]}I_b(U_\tau)$$

由 $I_b(U_\tau)=L(U_\tau)+\frac{b}{4}\|U_\tau\|_{D^s(\mathbb{R}^N)}^4$ 及 $\max\limits_{\tau\in[0,\tau_0]}L(U_\tau)=E$,当 $b\to0^+$ 时有 $D_b\to E$.

为了得到山路值的一致有界性,首先给出下面引理.

引理 4.3 存在 $b_1>0$ 和 $C_0>0$,使得对任意 $0<b<b_1$,满足

$$I_b(U_{\tau_0})<-2,\|U_\tau\|\leqslant C_0,\forall\tau\in(0,\tau_0],\|u\|\leqslant C_0,\forall u\in S_r$$

证明 因为 S_r 是紧的,那么存在常数 $C>0$,使得对任意 $u\in S_r$,$\|u\|\leqslant C$.对 U 固定如上,

$$\begin{aligned}\|U_\tau\|^2&=a\tau^{N-2s}\|U\|_{D^s(\mathbb{R}^N)}^2+\tau^N\|U\|_2^2\\&\leqslant(a\tau^{N-2s}+\tau^N)\|U\|^2\leqslant C^2(a\tau_0^{N-2s}+\tau_0^N)\end{aligned}$$

所以,存在 $C_0\geqslant0$,使得引理的后两条结论成立.对第一部分,由 $I_b(U_{\tau_0})\leqslant L(U_{\tau_0})+\frac{b}{4}C_0^4$ 及 $L(U_{\tau_0})<-2$,可得存在 $b_1>0$ 足够小,使得对于 $0<b<b_1$,都有 $I_b(U_{\tau_0})<-2$.

证明完毕.

□

现在,对任意 $b\in(0,b_1)$,定义如下极小极大值

$$C_b:=\inf_{\gamma\in Y_b}\max_{\tau\in[0,\tau_0]}I_b(\gamma(\tau))$$

其中

$$\begin{aligned}\Upsilon_b=\{\gamma\in C([0,\tau_0],H_r^s(\mathbb{R}N)):\gamma(0)=0,\gamma(\tau_0)=U_{\tau_0},\\\|\gamma(\tau)\|\leqslant C_0+1,\tau\in[0,\tau_0]\}\end{aligned}$$

对于 C_b,有下面结论.

命题 4.2 $\lim\limits_{b\to 0^+} C_b = E$.

证明 对 $\tau>0$，由 $\|U_\tau\|^2 = a\tau^{N-2s}\|U\|_{D^s(\mathbb{R}^N)}^2 + \tau^N\|U\|_2^2$，定义 $U_0\equiv 0$，因此 $U_\tau\in\gamma_b$，而且

$$\limsup_{b\to 0^+} C_b \leqslant \lim_{b\to 0^+} D_b = E$$

因为 c 与极限方程(4.2)最低能量值相等，所以 $c=E$.另一方面，对于 $\gamma\in Y_b$，由 $L(U_{\tau_0})<-2$，可得 $\tilde{\gamma}(\cdot)=\gamma(\tau_0\ \cdot)\in\Gamma_L$，所以由 c 和 C_b 的定义，对任意 $b\in(0,b_1)$，都有 $C_b\geqslant E$.

证明完毕.

□

4.3.3 主要定理证明

本节利用扰动的方法，对 $0<d<1$ 和充分小的 $b>0$，寻找(4.1)的解 $u\in S^d$.设 $\alpha,d>0$，定义

$$I_b^\alpha := \{u\in H_r^s(\mathbb{R}^N): I_b(u)\leqslant\alpha\}$$

及

$$S^d := \{u\in H_r^s(\mathbb{R}^N): \inf_{v\in S_r}\|u-v\|\leqslant d\}$$

为了得到一个 I_b 适当的(PS)序列，先给出下面引理.

引理 4.4 令$\{b_n\}_{n=1}^\infty: \lim\limits_{n\to\infty} b_n=0$ 使得$\{u_{b_n}\}\subset S^d$，满足

$$\lim_{n\to\infty} I_{b_n}(u_{b_n})\leqslant E,\ \lim_{n\to\infty} I'_{b_n}(u_{b_n})=0$$

那么对充分小的 d，存在 $u_0\in S_r$，使得$\{u_{b_n}\}$有子列在 $H_r^s(\mathbb{R}^N)$中强收敛到 u_0.

证明 为了方便，记 u_{b_n} 为 u_b.因为 $u_b\in S^d$，那么存在 $\tilde{u}_b\in S_r$，使得 $\|u_b-\tilde{u}_b\|\leqslant d$.令 $v_b=u_b-\tilde{u}_b$.因为 S_r 是紧的以及 $\|v_b\|\leqslant d$，那么存在一个子列及 $\tilde{u}_0\in S_r$，$v_0\in H_r^s(\mathbb{R}^N)$，使得 $\tilde{u}_b$ 在 $H_r^s(\mathbb{R}^N)$中强收敛到 $\tilde{u}_0$，以及 v_b 在$H_r^s(\mathbb{R}^N)$中弱收敛到 v_0.记 $u_0=\tilde{u}_0+v_0$，那么 $u_0\in S^d$，且 u_b 在 $H_r^s(\mathbb{R}^N)$中弱收敛到 u_0.下面证明 u_b 在 $H_r^s(\mathbb{R}^N)$中强收敛到 u_0.因为$\lim\limits_{n\to\infty} I'_b(u_b)=0$，那么对任意 $\phi\in C_0^\infty(\mathbb{R}^N)$，

$$\langle I'_b(u_b),\phi\rangle = \langle L'(u_b),\phi\rangle + b\|u_b\|_{D^s(\mathbb{R}^N)}^2\int_{\mathbb{R}^N}(-\Delta)^{\frac{s}{2}}u_b(-\Delta)^{\frac{s}{2}}\phi$$

由引理 1.1 及 $u_b\in S^d$，可得当 $b\to 0$ 时，$L'(u_0)=0$.显然当 $u_0\in S^d$ 且 d 足够小时，$u_0\neq 0$，所以 $L(u_0)\geqslant E$.同时，由引理 2.3，$I_b(u_b)=L(u_b)+\dfrac{b}{4}$

$\|u_b\|_{D^s(\mathbb{R}^N)}^4=L(u_0)+L(u_b-u_0)+o(1)$.结合$\lim\limits_{n\to\infty}I_{b_n}(u_{b_n})\leqslant E$,可得 $L(u_b-u_0)\leqslant o(1)$.由$(f_1)\sim(f_2)$及引理 1.1,存在常数 $c_1>0$,使得$\|u_b-u_0\|^2\leqslant c_1\|u_b-u_0\|^{2_s^*}$.如果当 $b\to 0$,$\|u_b-u_0\|\not\to 0$,那么存在常数 $c_2>0$,对 b 充分小时,$\|u_b-u_0\|\geqslant c_2$.另一方面,由 $\tilde{u}_0\in S_r$ 及 $u_0\in S^d$,得到$\|\tilde{u}_0-u_0\|\leqslant d$,所以$\|u_b-u_0\|\leqslant\|u_b-\tilde{u}_b\|+\|\tilde{u}_b-\tilde{u}_0\|+\|\tilde{u}_0-u_0\|\leqslant 2d+o(1)$,当 d 充分小时得到矛盾.

证明完毕.

□

注 4.4 由引理 4.4,对充分小的 $d\in(0,1)$,存在 $\omega>0$,$b_0>0$,使得

$$\|I'_b(u)\|\geqslant\omega,u\in I_b^{D_b}\cap(S^d\backslash S^{d/2}),b\in(0,b_0)\tag{4.6}$$

这样,有下面结论.

引理 4.5 存在 $\alpha>0$,使得对充分小的 $b>0$,

$$I_b(\gamma(\tau))\geqslant C_b-\alpha\ \text{意味着}\ \gamma(\tau)\in S^{\frac{d}{2}}$$

其中 $\gamma(\tau)=U(\frac{\bullet}{\tau})$,$\tau\in(0,\tau_0]$.

证明 由 Pohožaev 恒等式(4.5),

$$I_b(\gamma(\tau))=\left(\frac{a\tau^{N-2s}}{2}-\frac{N-2s}{2N}\tau^N\right)\|U\|_{D^s(\mathbb{R}^N)}^2+\frac{b}{4}\tau^{2N-4S}\|U\|_{D^s(\mathbb{R}^N)}^4$$

那么

$$\lim_{b\to 0^+}\max_{\tau\in[0,\tau_0]}I_b(\gamma(\tau))=\max_{\tau\in[0,\tau_0]}\left(\frac{a\tau^{N-2s}}{2}-\frac{N-2s}{2N}\tau^N\right)\|U\|_{D^s(\mathbb{R}^N)}^2=E$$

另一方面,$\lim\limits_{b\to 0^+}C_b=E$,所以结论成立.

□

由(4.6)和引理 4.5,可以证明下面的结论,该结论得到了 I_b 有界(PS)序列的存在性.

引理 4.6 对 $b>0$ 充分小,存在$\{u_n\}_n\subset I_b^{D_b}\cap S^d$,使得 $I'_b(u_n)\xrightarrow{n\to\infty}0$.

证明 反证,假设对某个充分小 $b>0$,存在 $\omega(b)>0$,使得

$$\|I'_b(u)\|>\omega(b),u\in S^d\cap I_b^{D_b}$$

而且,由注 4.4,对足够小 $b>0$ 和很小的 $d>0$,有

$$\|I'_b(u)\|>\omega,u\in I_b^{D_b}\cap(S^d\backslash S^{d/2})$$

在 $Z_b\subset I_b^{D_b}\cap(S^d)$的一个径向对称函数的邻域内,$I_b$ 存在一个伪梯度向量 T_b,

即对 $u\in Z_b$，有

(1) $\| T_b(u)\| \leqslant 2\min\{\| I'_b(u)\|,1\}$，

(2) $\langle I'_b(u),T_b(u)\rangle \geqslant \min\{\| I'_b(u)\|,1\}\cdot\| I'_b(u)\|$.

令 η_b 是 $H^s_r(\mathbb{R}^N)$上 Lipschitz 连续的函数，满足在 $H^s_r(\mathbb{R}^N)$上 $0\leqslant\eta_b(u)\leqslant 1$，在 $S^d\cap I_b^{D_b}$ 上 $\eta_b(u)=1$，在 $H^s_r(\mathbb{R}^N)\backslash Z_b$ 上 $\eta_b(u)=0$.令 ζ_b 为$\mathbb{R}$上的 Lipschitz 连续函数，满足 $0\leqslant\zeta_b(t)\leqslant 1$，当$|t-C_b|\leqslant\frac{\alpha}{2}$时 $\zeta_b(t)=1$，当$|t-C_b|\geqslant\alpha$，$\zeta_b(t)=0$.对 $u\in H^s_r(\mathbb{R}^N)$，设

$$\xi_b(u)=\begin{cases}-\eta_b(u)\cdot\zeta_b(I_b(u))\cdot T_b(u), & u\in Z_b\\ 0, & u\notin Z_b\end{cases}$$

那么，对每个 $u\in H^s_r(\mathbb{R}^N)$，初值问题

$$\begin{cases}\dfrac{\mathrm{d}}{\mathrm{d}t}\Psi_b(u,t)=\xi_b(\Psi_b(u,t))\\ \Psi_b(u,0)=u\end{cases}$$

存在一个全局解 $\Psi_b(u,t):H^s_r(\mathbb{R}^N)\times[0,+\infty)\to H^s_r(\mathbb{R}^N)$.显然，$\Psi_b(u,t)$ 满足：

(1) 如果 $t=0$ 或 $u\notin Z_b$ 或$|I_b(u)-C_b|\geqslant\alpha$，有 $\Psi_b(u,t)=u$，

(2) 对所有 u,t，$\|\Psi_b(u,t)\|\leqslant 2$，

(3) $\frac{\mathrm{d}}{\mathrm{d}t}I_b(\Psi_b(u,t))=I'_b(\Psi_b(u,t))\cdot\xi_b(\Psi_b(u,t))\leqslant 0$.

下面，寻找一个特殊的属于 Υ_b 的路径，通过分析路径的性质得到矛盾，从而完成证明.对 $\gamma(\tau)=U\left(\frac{\cdot}{\tau}\right)$，这里 U 是极限问题(4.2)的基态解.类似文献[127，命题 3.1]中的证明，对任意 $\tau\in[0,\tau_0]$，存在 $t_\tau\geqslant 0$ 和 $\alpha_0>0$，使得

$$I_b(\Psi_b(\gamma(\tau),t_\tau))\leqslant C_b-\alpha_0$$

定义 $\tilde{\gamma}(\tau)=\Psi_b(\gamma(\tau),p(\tau))$，$\tau\in[0,\tau_0]$，其中

$$p(\tau):=\inf\{t\geqslant 0,\Psi_b(\gamma(\tau),t)\in I_b^{C_b-\alpha_0}\}$$

那么，$I_b(\tilde{\gamma}(\tau))\leqslant C_b-\alpha_0$，$\tau\in[0,\tau_0]$.而且有 $\tilde{\gamma}(0)=0$ 以及 $\tilde{\gamma}(\tau_0)=\gamma(\tau_0)=U_{\tau_0}$.类似文献[127，命题 3.1]中的证明，得到 $\tilde{\gamma}(\tau)$的连续性，且 $\|\tilde{\gamma}(\tau)\|\leqslant C_0+1$.所以 $\tilde{\gamma}(\tau)\in Y_b$ 满足 $\max\limits_{\tau\in[0,\tau_0]}I_b(\tilde{\gamma}(\tau))\leqslant C_b-\alpha_0$，这与 C_b 的定义矛盾.

证明完毕.

□

最后给出定理 4.1 的证明：

由引理 4.6，存在 $b_0>0$，使得对 $b\in(0,b_0)$，存在 $\{u_n\}\in I_b^{D_b}\cap S^d$，满足 $I'_b(u_n)\xrightarrow{n\to\infty}0$. 所以，存在 $u_b\in H_r^s(\mathbb{R}^N)$，使得 $\{u_n\}$ 的子列满足

在 $H_r^s(\mathbb{R}^N)$ 中 $u_n\rightharpoonup u_b$，

在 $L^p(\mathbb{R}^N)$ 中 $u_n\to u_b$，$p\in(2,2_s^*)$，

在 $\mathbb{R}^N$ 中 $u_n\xrightarrow{\text{a.e.}}u_b$.

下面，证明对充分小的 b，$I'_b(u_b)=0$. 设 $f(t)=g(t)+t^{2_s^*-1}$. 由引理1.1，对任意的 $\varphi\in C_0^\infty(\mathbb{R}^N)$，有

$$\int_{\mathbb{R}^N}g(u_n)\varphi=\int_{\mathbb{R}^N}g(u_b)\varphi+o_n(1)$$

以及

$$\int_{\mathbb{R}^N}g(u_n)u_n=\int_{\mathbb{R}^N}g(u_b)u_b+o_n(1)$$

令 $v_n=u_n-u_b$ 且 $\|v_n\|_{D^s(\mathbb{R}^N)}^2\to A\geqslant 0$，那么 $\|u_n\|_{D^s(\mathbb{R}^N)}^2=\|u_b\|_{D^s(\mathbb{R}^N)}^2+A+o_n(1)$.

由 $I'_b(u_n)\to 0$，对任意 $\varphi\in C_0^\infty(\mathbb{R}^N)$，

$$\begin{aligned}&(a+b\|u_n\|_{D^s(\mathbb{R}^N)}^2)\int_{\mathbb{R}^N}(-\Delta)^{\frac{s}{2}}u_n(-\Delta)^{\frac{s}{2}}\varphi+\int_{\mathbb{R}^N}u_n\varphi\\&=\int_{\mathbb{R}^N}g(u_n)\varphi+\int_{\mathbb{R}^N}|u_n|^{2_s^*-2}u_n\varphi+o(1)\end{aligned}$$

由此可得

$$(a+b\|u_n\|_{D^s(\mathbb{R}^N)}^2+bA)\|u_b\|_{D^s(\mathbb{R}^N)}^2+\|u_b\|_2^2=\int_{\mathbb{R}^N}g(u_b)u_b+\|u_b\|_{2_s^*}^{2_s^*}\tag{4.7}$$

相应的 Pohožaev 恒等式为

$$\begin{aligned}&\frac{N-2s}{2}(a+b\|u_n\|_{D^s(\mathbb{R}^N)}^2+bA)\|u_b\|_{D^s(\mathbb{R}^N)}^2+\frac{N}{2}\|u_b\|_2^2\\&=N\int_{\mathbb{R}^N}G(u_b)+\frac{N}{2_s^*}\|u_b\|_{2_s^*}^{2_s^*}\end{aligned}\tag{4.8}$$

由 $\langle I'_b(u_n),u_n\rangle\to 0$ 和引理 1.3 可得

$$\begin{aligned}&(a+b\|u_n\|_{D^s(\mathbb{R}^N)}^2+bA)(\|u_b\|_{D^s(\mathbb{R}^N)}^2+A)+(\|u_b\|_2^2+\|v_n\|_2^2)\\&=\int_{\mathbb{R}^N}g(u_b)u_b+\|u_b\|_{2_s^*}^{2_s^*}+\|v_n\|_{2_s^*}^{2_s^*}+o_n(1)\end{aligned}$$

结合式(4.7),有

$$(a+b\|u_n\|_{D^s(\mathbb{R}^N)}^2+bA)A+\|v_n\|_2^2=\|v_n\|_{2_s^*}^{2_s^*}+o_n(1) \tag{4.9}$$

由引理 1.1,容易得到

$$A\leqslant\frac{1}{a}\left(\frac{A}{S_s}\right)^{\frac{2_s^*}{2}}+o(1)$$

如果 $A=0$,即 $\|v_n\|_{D^s(\mathbb{R}^N)}^2$ 在 $H_r^s(\mathbb{R}^N)$ 中强收敛到 0,证明结束.如果 $A>0$,那么

$$A\geqslant a^{\frac{N-2s}{2s}}S_s^{\frac{N}{2s}} \tag{4.10}$$

由 Pohozăev 恒等式(4.8)和(4.9),

$$\begin{aligned}
I_b(u_n)=&\frac{a}{2}(\|u_b\|_{D^s(\mathbb{R}^N)}^2+A)+\frac{4}{b}(\|u_b\|_{D^s(\mathbb{R}^N)}^2+A)^2\\
&+\frac{1}{2}(\|u_b\|_2^2+\|v_n\|_2^2)-\int_{\mathbb{R}^N}F(u_n)\\
=&\left(\frac{1}{2}-\frac{1}{2_s^*}\right)a(\|u_b\|_{D^s(\mathbb{R}^N)}^2+A)+\left(\frac{1}{4}-\frac{1}{2_s^*}\right)b(\|u_b\|_{D^s(\mathbb{R}^N)}^2+A)^2\\
&+\left(\frac{1}{2}-\frac{1}{2_s^*}\right)\|v_n\|_2^2+o(1)\\
\geqslant&\left(\frac{1}{2}-\frac{1}{2_s^*}\right)aA+b\left(\frac{1}{4}-\frac{1}{2_s^*}\right)(\|u_b\|_{D^s(\mathbb{R}^N)}^2+A)^2+o(1)
\end{aligned}$$

另一方面,由 $\{u_n\}\in S^d$,对 d 充分小,存在 $\tilde{u}_n\in S_r$ 及 $\tilde{v}_n\in H_r^s(\mathbb{R}^N)$,使得 $u_n=\tilde{u}_n+\tilde{v}_n$,且有 $\|\tilde{v}_n\|\leqslant d$.所以

$$\begin{aligned}
\|u_n\|_{D^s(\mathbb{R}^N)}^2&\leqslant\|\tilde{v}_n\|_{D^s(\mathbb{R}^N)}^2+\|\tilde{u}_n\|_{D^s(\mathbb{R}^N)}^2\\
&\leqslant 1+\sup_{v\in S_r}\|v\|_{D^s(\mathbb{R}^N)}^2\triangleq B
\end{aligned}$$

这说明 $\|u_b\|_{D^s(\mathbb{R}^N)}^2+A\leqslant 2B$,其中 B 不依赖于 b,n 和 d.因此,

$$I_b(u_n)\geqslant\left(\frac{1}{2}-\frac{1}{2_s^*}\right)aA-4b\left|\frac{1}{4}-\frac{1}{2_s^*}\right|B^2+o(1)$$

同时,由 $\limsup\limits_{n\to\infty}I_b(u_n)\leqslant D_b$,可得

$$\left(\frac{1}{2}-\frac{1}{2_s^*}\right)aA\leqslant D_b+4b\left|\frac{1}{4}-\frac{1}{2_s^*}\right|B^2$$

结合式(4.10),

$$\frac{s}{N}(aS_s)^{\frac{N}{2s}}\leqslant D_b+4b\left|\frac{1}{4}-\frac{1}{2_s^*}\right|B^2\xrightarrow{b\to 0}E$$

这与 $E<\frac{s}{N}(aS_s)^{\frac{N}{2s}}$ 矛盾，因此 $A\geqslant a^{\frac{N-2s}{2s}}S_s^{\frac{N}{2s}}$.由 $u_n\in S^d$，则对充分小的 d，$u_b\neq 0$.

所以，当 b 和 d 充分小，(4.1)存在解 $u_b\in H_r^s(\mathbb{R}^N)$.下面，讨论当 $b\to 0$ 时 u_b 的渐近行为.因为 $b\to 0$ 时 $D_b\to E$，类似引理 4.4 的证明，得到存在 $u\neq 0$，使得 u_b 在 $H_r^s(\mathbb{R}^N)$ 中强收敛到 u，且有 $L'(u)=0$ 及 $L(u)=E$.

证明结束.

□

4.4 具有临界指数的分数阶 Kirchhoff 方程的多解性

本节利用截断的方法和环绕定理研究方程(4.3)在临界条件下的多解性.方程(4.3)对应的能量泛函为

$$I(u)=\frac{1}{2}\|u\|^2+\frac{b}{4}\|u\|^4-\frac{\lambda}{2}\|u\|_2^2-\frac{\mu}{q}\|u\|_q^q-\frac{1}{2_s^*}\|u\|_{2_s^*}^{2_s^*}$$

定义 4.5(弱解) 称 $u\in X_0^s(\Omega)$ 是方程(4.3)的弱解，如果对任意 $\phi\in X_0^s(\Omega)$，满足

$$(1+b\|u\|^2)\int_{\mathbb{R}^N}(-\Delta)^{\frac{s}{2}}u(-\Delta)^{\frac{s}{2}}\phi\,\mathrm{d}x$$
$$=\lambda\int_\Omega u\phi\,\mathrm{d}x+\mu\int_\Omega|u|^{q-2}u\phi\,\mathrm{d}x+\int_\Omega|u|^{2_s^*-2}u\phi\,\mathrm{d}x$$

显然，$I\in C^1(X_0^s(\Omega),\mathbb{R})$ 且 I 的临界点为方程(4.3)的弱解.

4.4.1 特征值问题

在运用环绕定理 4.3 时，需要用到下面特征值问题的一些结果.

$$\begin{cases}(-\Delta)^s u=\lambda u, & x\in\Omega\\ u=0, & x\in\mathbb{R}^N\backslash\Omega\end{cases}\tag{4.11}$$

记 $\{\lambda_i\}_{i=1}^{\infty}$ 为(4.11)的特征值，则有 $0<\lambda_1<\lambda_2\leqslant\lambda_3\leqslant\cdots\leqslant\lambda_i\to\infty$.下面介绍特征值的两个性质.记 $M(\lambda)$ 为相应于特征值的特征函数空间，设

$$W_k=\bigoplus_{n=1}^{k}M(\lambda_n),\quad V_k=\overline{\bigoplus_{n\geqslant k}M(\lambda_n)}$$

那么由文献[128，命题 9]和文献[99，命题 2.3]，有

$$\lambda_k=\min_{u\in V_k\backslash\{0\}}\frac{\|u\|^2}{\|u\|_2^2}\tag{4.12}$$

和

$$\lambda_k=\max_{u\in W_k\setminus\{0\}}\frac{\|u\|^2}{\|u\|_2^2} \tag{4.13}$$

令$\{e_k\}_{k\in N}$是关于λ_k的特征函数序列，选择$\{e_k\}_{k\in N}$为正规化的序列，从而使得这个序列构成了$L^2(\Omega)$和$X_0^s(\Omega)$的规范正交基.

4.4.2 截断泛函

设ϕ是$[0,\infty)$上的光滑函数，且在$[0,1)$上$\phi=1$，在$[2,\infty)$上$\phi=0$，其他情况时$\phi\in[0,1]$.进一步，假设在$[0,\infty)$上$\phi'\in[-2,0]$.对$T>0$，$u\in X_0^s(\Omega)$，定义一个截断函数$\Phi_T(u)$，

$$\Phi_T(u):=\phi\left(\frac{\|u\|^2}{T^2}\right)$$

对应于能量泛函I，在$X_0^s(\Omega)$上定义如下截断泛函，

$$J_T(u)=\frac{1}{2}\|u\|^2+\frac{b}{4}\|u\|^4\Phi_T(u)-\frac{\lambda}{2}\|u\|_2^2-\frac{\mu}{q}\|u\|_q^q-\frac{1}{2_s^*}\|u\|_{2_s^*}^{2_s^*}$$

显然，$J_T\in C^1(X_0^s(\Omega),\mathbb{R})$，且有

$$\langle J'_T(u),v\rangle=\left\{1+b\|u\|^2\Phi_T(u)+\frac{b}{2T^2}\|u\|^4\phi'\left(\frac{\|u\|^2}{T^2}\right)\right\}\int_{\mathbb{R}^N}(-\Delta)^{\frac{s}{2}}u(-\Delta)^{\frac{s}{2}}v$$
$$-\lambda\int_\Omega uv-\mu\int_\Omega|u|^{q-2}uv-\int_\Omega|u|^{2_s^*-2}uv,\ \forall v\in X_0^s(\Omega)$$

注意对任意$u\in X_0^s(\Omega)$，$\|u\|^4\phi'\left(\frac{\|u\|^2}{T^2}\right)\geqslant -8T^4$，由$T$的定义，有

$$1+\frac{b}{2T^2}\|u\|^4\phi'\left(\frac{\|u\|^2}{T^2}\right)\geqslant s_0 \tag{4.14}$$

以及

$$-bT^4+\frac{s}{N}(s_0S_s)^{\frac{N}{2s}}\geqslant t_0(s_0S_s)^{\frac{N}{2s}} \tag{4.15}$$

则可得，如果$u\in X_0^s(\Omega)$且$\|u\|<T$，则有$J_T(u)=I(u)$.因此，如果u是J_T满足$\|u\|<T$的临界点，则u也是I的临界点.

4.4.3 紧性

正如我们所知，由于非线性项是临界的，关于截断泛函的(PS)条件很难去证明.为此，利用集中紧原理去验证当能量小于某个值c^*时，(PS)条件成立.

引理 4.5 J_T 在 $(0,c^*)$ 上满足(PS)条件，其中

$$c^* = t_0(s_0 S_s)^{\frac{N}{2s}}$$

证明 第一步：证明 $X_0^s(\Omega)$ 中的(PS)序列是有界.设 $\{u_n\}\subset X_0^s(\Omega)$ 满足

$$J_T(u_n)\to c<c^*, J'_T(u_n)\to 0, n\to\infty$$

那么

$$\begin{aligned} c+o(1) &\geqslant J_T(u_n)-\frac{1}{2}\langle J'_T(u_n),u_n\rangle \\ &= -\frac{b}{4}\|u_n\|^4\Phi_T(u_n)-\frac{b}{4T^2}\|u_n\|^6\phi'\left(\frac{\|u_n\|^2}{T^2}\right) \\ &\quad -\mu\left(\frac{1}{q}-\frac{1}{2}\right)\|u_n\|_q^q+\left(\frac{1}{2}-\frac{1}{2_s^*}\right)\|u_n\|_{2_s^*}^{2_s^*} \\ &\geqslant -bT^4+\left(\frac{1}{2}-\frac{1}{2_s^*}\right)\|u_n\|_{2_s^*}^{2_s^*} \end{aligned} \tag{4.16}$$

这说明 $\{u_n\}$ 在 $L^{2_s^*}(\Omega)$ 中是有界的.由 Hölder 不等式，对任意 $r\in[2,2_s^*)$，$\{u_n\}$ 在 $L^r(\Omega)$ 中也是有界的.因此，存在常数 $M>0$，使得 $J_T(u_n)\geqslant\frac{1}{2}\|u_n\|^2-M$ 结合 $J_T(u_n)\to c$，得到 $\{u_n\}$ 在 $X_0^s(\Omega)$ 中是有界的.

第二步：由第一步可得，$\{u_n\}$ 存在一个子列，仍记为 $\{u_n\}$，以及存在 $u\in X_0^s(\Omega)$，使得，

在 $X_0^s(\Omega)$ 中，$u_n\rightharpoonup u$，

在 $L^r(\Omega)$ 中，$u_n\to u$，其中 $r\in[1,2_s^*)$，

在 Ω 中，$u_n\xrightarrow{\text{a.e.}}u$.

下面，证明 u_n 在 $X_0^s(\Omega)$ 中强收敛到 u.由引理 4.2，得到一个至多可数的不同的点 $\{x_i\}_{i\in\mathcal{J}}$ 构成的集合，正实数 $\{\eta_i\}_{i\in\mathcal{J}}$ 和 $\{v_i\}_{i\in\mathcal{J}}$ 以及一个正测度 $\tilde{\eta}$，$\operatorname{supp}\tilde{\eta}\subset\overline{\Omega}$，满足

$$|(-\Delta)^{\frac{s}{2}}u_n|^2\mathrm{d}x\rightharpoonup|(-\Delta)^{\frac{s}{2}}u|^2\mathrm{d}x+\tilde{\eta}+\sum_{i\in\mathcal{J}}\eta_i\delta_{x_i} \tag{4.17}$$

和

$$|u_n|^{2_s^*}\mathrm{d}x\rightharpoonup|u|^{2_s^*}\mathrm{d}x+\sum_{i\in\mathcal{J}}v_i\delta_{x_i} \tag{4.18}$$

这里 δ_x 是狄拉克函数，其除了在 $x\in\mathbb{R}^N$ 处其他点处取值都为零，在整个区间上积分为 1.另外，有 $\eta_i\geqslant S_s v_i^{2/2_s^*}$.为了得到紧性，只要证明 $\mathcal{J}=\varnothing$.否则，对

任意固定的 $k_0\in\mathcal{J}$ 及任意的 $\varepsilon>0$，定义一个光滑函数 φ，在 $B(x_{k_0},\varepsilon)$ 上 $\varphi=1$，在 $B(x_{k_0},2\varepsilon)^c$ 上 $\varphi=0$，其他情况时 $\varphi\in[0,1]$.

下面估计 $\int_{\mathbb{R}^N}(-\Delta)^{\frac{s}{2}}u_n(-\Delta)^{\frac{s}{2}}(\varphi u_n)$.对任意 $v,w\in X_0^s(\Omega)$，有

$$
\begin{aligned}
(-\Delta)^{\frac{s}{2}}(vw)&=c_{N,s}\mathrm{P.V.}\int_{\mathbb{R}^N}\frac{v(x)w(x)-v(y)w(y)}{|x-y|^{N+s}}\mathrm{d}y\\
&=c_{N,s}v\mathrm{P.V.}\int_{\mathbb{R}^N}\frac{w(x)-w(y)}{|x-y|^{N+s}}\mathrm{d}y+\\
&\quad c_{N,s}w\mathrm{P.V.}\int_{\mathbb{R}^N}\frac{v(x)-v(y)}{|x-y|^{N+s}}\mathrm{d}y-\\
&\quad c_{N,s}\mathrm{P.V.}\int_{\mathbb{R}^N}\frac{(v(x)-v(y))(w(x)-w(y))}{|x-y|^{N+s}}\mathrm{d}y\\
&:=v(-\Delta)^{\frac{s}{2}}w+w(-\Delta)^{\frac{s}{2}}v-H(v,w)
\end{aligned}
$$

由参考文献[63,引理 2.8,引理 2.9]，得到

$$
\lim_{\varepsilon\to 0}\lim_{n\to\infty}\int_{\mathbb{R}^N}u_n(-\Delta)^{\frac{s}{2}}u_n(-\Delta)^{\frac{s}{2}}\varphi=0
$$

和

$$
\lim_{\varepsilon\to 0}\lim_{n\to\infty}\int_{\mathbb{R}^N}(-\Delta)^{\frac{s}{2}}u_nH(u_n,\varphi)=0
$$

结合式(4.17)，可得

$$
\lim_{\varepsilon\to 0}\lim_{n\to\infty}\int_{\mathbb{R}^N}(-\Delta)^{\frac{s}{2}}u_n(-\Delta)^{\frac{s}{2}}(\varphi u_n)=\lim_{\varepsilon\to 0}\lim_{n\to\infty}\int_{\mathbb{R}^N}\varphi\,|(-\Delta)^{\frac{s}{2}}u_n|^2\geqslant\eta_{k_0}
$$

而且

$$
\lim_{\varepsilon\to 0}\lim_{n\to\infty}\int_{\Omega}\varphi\,|u_n|^{2_s^*}\to v_{k_0}
$$

以及对任意 $r\in[1,2_s^*)$，

$$
\lim_{n\to\infty}\int_{\Omega}\varphi\,|u_n|^r\leqslant\lim_{n\to\infty}\int_{\Omega}|u_n|^r=0
$$

由 $J'_T(u_n)\to 0$ 和式(4.14)，有

$$
\begin{aligned}
0&=\lim_{\varepsilon\to 0}\lim_{n\to\infty}\langle J'_T(u_n),\varphi u_n\rangle\\
&=\lim_{\varepsilon\to 0}\lim_{n\to\infty}\Bigg[\left(1+b\,\|u_n\|^2\Phi_T(u_n)+\frac{b}{2T^2}\|u_n\|^4\phi'\left(\frac{\|u_n\|^2}{T^2}\right)\right)\\
&\quad\int_{\mathbb{R}^N}(-\Delta)^{\frac{s}{2}}u_n(-\Delta)^{\frac{s}{2}}(\varphi u_n)-\lambda\int_{\Omega}\varphi u_n^2-\int_{\Omega}\varphi\,|u_n|^q-\int_{\Omega}\varphi\,|u_n|^{2_s^*}\Bigg]
\end{aligned}
$$

$$\geqslant \lim_{\epsilon\to 0}\lim_{n\to\infty}\left[s_0\int_{\mathbb{R}^N}(-\Delta)^{\frac{s}{2}}u_n(-\Delta)^{\frac{s}{2}}(\varphi u_n)-\int_{\Omega}\varphi\mid u_n\mid^{2_s^*}\right]$$
$$\geqslant s_0\eta_{k_0}-v_{k_0}$$

这说明 $\eta_{k_0}\leqslant\dfrac{v_{k_0}}{s_0}$.由于 $\eta_i\geqslant S_s v_i^{2/2_s^*}\ (i\in\mathcal{J})$,有

$$v_{k_0}\geqslant(s_0S_s)^{\frac{N}{2s}}$$

由式(4.16),

$$c\geqslant-bT^4+\frac{s}{N}(s_0S_s)^{\frac{N}{2s}}$$

由式(4.15)可知,这与 $c\in(0,c^*)$矛盾.因此,$\mathcal{J}=\varnothing$,这说明 u_n 在$L^{2_s^*}(\Omega)$中强收敛到 u.

最后,由 $J'_T(u_n)\to 0$,有

$$\langle J'_T(u_n),(u_n-u)\rangle=o(1)$$

由 u_n 在 $L^{2_s^*}(\Omega)$中强收敛到 u,容易验证

$$\left\{1+b\parallel u_n\parallel^2\Phi_T(u_n)+\frac{b}{2T^2}\parallel u_n\parallel^4\phi'\left(\frac{\parallel u_n\parallel^2}{T^2}\right)\right\}\int_{\mathbb{R}^N}(-\Delta)^{\frac{s}{2}}u_n(-\Delta)^{\frac{s}{2}}(u_n-u)=o(1)$$

从式(4.14)可得

$$\int_{\mathbb{R}^N}(-\Delta)^{\frac{s}{2}}u_n(-\Delta)^{\frac{s}{2}}(u_n-u)=o(1)$$

另一方面,由 u_n 在 $X_0^s(\Omega)$中弱收敛到 u,可得

$$\int_{\mathbb{R}^N}(-\Delta)^{\frac{s}{2}}u(-\Delta)^{\frac{s}{2}}(u_n-u)=o(1)$$

因此,u_n 在 $X_0^s(\Omega)$中强收敛到 u.

证明结束.

□

4.4.4 主要定理证明

本节利用环绕定理证明截断问题多解的存在性,然后证明这些解即为原问题的解.首先给出下面引理,从而说明环绕定理 4.3 的第二个条件是成立的.令

$$W_k=\oplus_{n=1}^{k}M(\lambda_n),V_k=\overline{\bigoplus_{n\geqslant k}M(\lambda_n)}$$

其中 $M(\lambda_n)$指$(-\Delta)^s$ 对应于λ_n 的特征函数空间.

引理 4.6 对 $b>0$ 足够小及 $\lambda<\lambda_k$,有

$$\max_{u\in W_k} J_T(u) \leqslant r := \frac{s}{N}(\lambda_k - \lambda)^{\frac{N}{2s}} |\Omega|$$

特别地，如果 $q=4$，对任意的 $b>0$，当 μ 足够大时，有

$$\max_{u\in W_k} J_T(u) \leqslant r := \frac{s}{N}(\lambda_k - \lambda)^{\frac{N}{2s}} |\Omega|$$

而且，存在常数 $\rho>0$，$\delta\in(0,r)$，使得对所有满足 $\|u\|=\rho$ 的 $u\in V_k$，有 $J_T(u)\geqslant\delta$.

证明 对任意固定的 $k\in\mathbb{N}$，因为 W_k 是有限维空间，其范数是等价的.因此，存在常数 $l>0$，使得对所有的 $u\in W_k$，$\|u\|_q^q\geqslant l\|u\|^q$.

下面证明，对 $b>0$ 足够小时有

$$J_T(u) \leqslant \frac{\lambda_k - \lambda}{2}\|u\|_2^2 - \frac{1}{2_s^*}\|u\|_{2_s^*}^{2_s^*}, u\in W_k \tag{4.19}$$

由式(4.13)可得

$$J_T(u) \leqslant \frac{\lambda_k - \lambda}{2}\|u\|_2^2 + \left(\frac{b}{4}\|u\|^{4-q}\Phi_T(u) - \frac{\mu l}{q}\right)\|u\|^q - \frac{1}{2_s^*}\|u\|_{2_s^*}^{2_s^*}$$

第一种情况：$\|u\|^2>2T^2$.由 $\Phi_T(u)$的定义，对任意 $\mu>0$，得到，

$$\frac{b}{4}\|u\|^{4-q}\Phi_T(u) - \frac{\mu l}{q} = -\frac{\mu l}{q} < 0$$

因此，式(4.19)成立.

第二种情况：$\|u\|^2<2T^2$.由注 4.2，对任意 $\mu>0$，当 $b\to 0$ 时，

$$\frac{b}{4}\|u\|^{4-q}\Phi_T(u) - \frac{\mu l}{q} \leqslant O(b^{\frac{q}{4}}) - \frac{\mu l}{q} \to \frac{\mu l}{q} < 0$$

因此，式(4.19)成立.

由 Hölder 不等式，从式(4.19)可得

$$J_T(u) \leqslant \frac{\lambda_k - \lambda}{2}|\Omega|^{\frac{2s}{N}}\|u\|_{2_s^*}^2 - \frac{1}{2_s^*}\|u\|_{2_s^*}^{2_s^*}, u\in W_k$$

而且，对 $b>0$ 充分小，

$$J_T(u) \leqslant \frac{s}{N}(\lambda_k - \lambda)^{\frac{2s}{N}}|\Omega|, u\in W_k$$

特别地，如果 $q=4$，那么

$$J_T(u) \leqslant \frac{\lambda_k - \lambda}{2}\|u\|_2^2 + \left(\frac{b}{4}\Phi_T(u) - \frac{\mu l}{q}\right)\|u\|^4 - \frac{1}{2_s^*}\|u\|_{2_s^*}^{2_s^*}$$

令 $\mu>\frac{b}{l}:=\mu_1$，有

$$J_T(u) \leqslant \frac{\lambda_k - \lambda}{2} \| u \|_2^2 - \frac{1}{2_s^*} \| u \|_{2_s^*}^{2_s^*}$$

类似上面讨论，对任意 $b>0$ 和 $\mu>\frac{b}{l}:=\mu_1$，有

$$J_T(u) \leqslant \frac{s}{N}(\lambda_k - \lambda)^{\frac{N}{2s}} |\Omega|, u \in W_k$$

因此引理 4.6 的第一个结论成立.令 $u\in V_k$，由(4.12)和引理 1.1，存在常数 $C>0$，使得

$$J_T(u) \geqslant \frac{1}{2}\left(\frac{\lambda_k - \lambda}{\lambda_k}\right) \| u \|^2 - \frac{\mu C}{q} \| u \|^q - \frac{1}{2_s^* S_s^{\frac{2_s^*}{2}}} \| u \|^{2_s^*}$$

这说明引理 4.6 第二个结论成立.

□

定理 4.2 的证明：

设 W_k，V_k 定义如上.取固定的 $t_0\in(0,s/N)$，$s_0\in(0,1)$，由引理 4.5 和引理 4.6 可以推出，如果 $b>0$ 很小，定理 4.3 的条件(2)对 $\mu>0$ 以及

$$\lambda \in (\lambda_k - \lambda_1^*, \lambda_k), r = \frac{s}{N}(\lambda_k - \lambda)^{\frac{N}{2s}} |\Omega|$$

成立，其中 $\lambda_1^* = \left(\frac{Nt_0}{s|\Omega|}\right)^{\frac{2s}{N}} s_0 S_s$.特别地，如果当 $N\leqslant 4s$，$q=4$ 时，结合另一个假设 $\mu>0$ 足够大，对 $b>0$ 时，类似上面的结论也成立.

设 $m=\dim W_k-\operatorname{codim} V_k$ 为特征值 λ_k 的重数，那么由定理 4.3 和引理4.5，J_T 存在 m 对不同的非平凡临界点 $\pm u_j$，$j=1,\cdots,m$，满足

$$0 < J_T(u_j) \leqslant r$$

由 λ^* 的定义，对 $\lambda\in(\lambda_k-\lambda^*,\lambda_k)$，

$$r < \min\left\{c^*, \frac{1}{2}\left(\frac{1}{2} - \frac{1}{q}\right) T^2\right\} \tag{4.20}$$

下面只要说明 $\| u_j \| < T$.由 $J_T(u_j)<c^*$ 和 $J'_T(u_j)=0$，有

$$c^* > J_T(u_j) - \frac{1}{2}\langle J'_T(u_j), u_j\rangle \geqslant -bT^4 + \mu\left(\frac{1}{2} - \frac{1}{q}\right) \| u_j \|_q^q$$

这说明，当 $b\to 0$ 时，

$$\| u_j \|_q^q \leqslant \mu^{-1}\left(\frac{1}{2} - \frac{1}{q}\right)^{-1}(c^* + bT^4) = o(1)$$

所以，结合 Hölder 不等式，对 $b>0$ 足够小，有 $\lambda_k \| u_j \|_2^2 < \frac{T^2}{4}$.另一方面，可以

证明如果 $q\in(2,4)$，对 $b>0$ 足够小，

$$b\left(\frac{4}{q}-1\right)T^4<\frac{T^2}{4}\left(\frac{1}{2}-\frac{1}{q}\right)$$

当 $q=4$ 时，对任意 $b>0$，

$$b\left(\frac{4}{q}-1\right)T^4<\frac{T^2}{4}\left(\frac{1}{2}-\frac{1}{q}\right)$$

因此，$q\in(2,4)$ 且 b 足够小或 $q=4$ 时任意 $b>0$，都有

$$\begin{aligned}
&J_T(u_j)-\frac{1}{q}\langle J'_T(u_j),u_j\rangle \\
&=\left(\frac{1}{2}-\frac{1}{q}\right)\|u_j\|^2+b\left(\frac{1}{4}-\frac{1}{q}\right)\|u_j\|^4\Phi_T(u_j) \\
&\quad-\frac{b}{2qT^2}\|u_j\|^6\phi'\left(\frac{\|u_j\|^2}{T^2}\right)-\left(\frac{1}{2}-\frac{1}{q}\right)\lambda\|u_j\|_2^2-\left(\frac{1}{2_s^*}-\frac{1}{q}\right)\|u_j\|_{2_s^*}^{2_s^*} \\
&>\left(\frac{1}{2}-\frac{1}{q}\right)\|u_j\|^2-b\left(\frac{4}{q}-1\right)T^4-\left(\frac{1}{2}-\frac{1}{q}\right)\lambda_k\|u_j\|_2^2 \\
&>\left(\frac{1}{2}-\frac{1}{q}\right)\|u_j\|^2-\frac{1}{2}\left(\frac{1}{2}-\frac{1}{q}\right)T^2
\end{aligned}$$

结合(4.20)，可得 $\|u_j\|<T$. 所以，$J_T(u_j)=I(u_j)$，且 u_j 是原问题(4.3)的一个非平凡解.

证明结束.

□

5 具有 Hardy-Littlewood-Sobolev 临界指数的分数阶 Choquard 方程基态解的存在性

5.1 引言及主要结论

本章研究具有 Hardy-Littlewood-Sobolev 临界指数的分数阶 Choquard 方程

$$(-\Delta)^s u+u=[I_\alpha * F(u)]f(u),x\in\mathbb{R}^N \tag{5.1}$$

基态解的存在性，其中 $0<s<1,\alpha\in(0,N)$，F 是 f 的原函数，I_α 为 Riesz 势，$2_\alpha^*=\dfrac{N+\alpha}{N-2s}$为 Hardy-Littlewood-Sobolev 临界指数.全空间 $\mathbb{R}^N$ 上函数的 Riesz 位势定义为：

$$(I_\alpha * f)(x)=A_\alpha\int_{\mathbb{R}^N}|x-y|^{-N+\alpha}f(y)\mathrm{d}y$$

其中 $A_\alpha=\dfrac{\Gamma(\frac{N-\alpha}{2})}{\Gamma(\alpha/2)\pi^{N/2}2^\alpha}$，$\Gamma$ 为伽马函数.

在方程(5.1)解的存在性研究中，由于出现了左端的分数阶算子和右端 $I_\alpha * F(u)$两项非局部项，所以问题相当复杂和困难，目前的研究结果较少.对 Hardy-Littlewood-Sobolev 意义下的次临界问题，文献[113-116]在不同的条件下讨论了分数阶 Choquard 方程解，基态解，多解的存在性，正则性等.而对于临界的问题，结果更少，文献[117]讨论了具有如下形式的分数阶 Choquard 方程：

$$\begin{cases}(-\Delta)^s u=(|x|^{\alpha-N} * u^p)u^{p-1}, & x\in\mathbb{R}^N\\ u\geqslant 0, & x\in\mathbb{R}^N\end{cases}$$

其中 $0<s<1, 0<\alpha<2$. 当 $\frac{N}{N-2s}\leqslant p<\frac{N+\alpha}{N-2s}$，即在次临界条件下，证明了具有一定光滑度的正解的不存在性，而当 $p=\frac{N+\alpha}{N-2s}$，即临界情形时，得到了径向对称正解的存在性，并满足一定的衰减性. 该论文中对 α 是限制在 $(0,2)$ 上讨论的，并且右端项是一个特殊的形式 $f(t)=t^p$.

本章在临界条件下，研究了具有一般非线性项问题基态解的存在性. 为讨论方便，假设 $f(t)=g(t)+|t|^{2_\alpha^*-2}t$，那么方程(5.1)改写为：

$$(-\Delta)^s u+u=\left[I_\alpha*\left(G(u)+\frac{1}{2_\alpha^*}|u|^{2_\alpha^*}\right)\right]\left(g(u)+|u|^{2_\alpha^*-2}u\right), x\in\mathbb{R}^N \tag{5.2}$$

其中 $G(t)=\int_0^t g(s)\mathrm{d}s$. 非线性项 g 满足：

(g_1) $g\in C^1(\mathbb{R}^+,\mathbb{R}), \lim\limits_{t\to 0}g(t)/t=0, t\leqslant 0$ 时，$g(t)\equiv 0$，

(g_2) $\lim\limits_{t\to\infty}g(t)/t^{\frac{\alpha+2s}{N-2s}}=0$，

(g_3) $\lim\limits_{t\to\infty}\frac{G(t)}{t^{\frac{N+\alpha-4s}{N-2s}}}=+\infty, N>4s.$

$$\lim_{t\to\infty}\frac{G(t)}{t^{\frac{\alpha}{2s}}\ln t^{\frac{1}{s}}}=+\infty, N=4s.$$

$$\lim_{t\to\infty}\frac{G(t)}{t^{\frac{\alpha+4s-N}{N-2s}}}=+\infty, N<4s.$$

本章主要定理叙述如下：

定理 5.1 假设 $N>2s, \alpha\in((N-4s)_+, N)$，$g$ 满足 $(\mathrm{g}_1)\sim(\mathrm{g}_3)$，那么方程(5.2)存在一个正的径向对称的基态解. 其中 $(N-4s)_+=\max\{N-4s, 0\}$.

由于 $(-\Delta)^s$ 和右端含有 Riesz 位势的两项非局部项的出现，对问题研究带来很大困难. 首先，因为没有(AR)条件，所以(PS)序列的有界性很难验证，为此，利用逼近的思想，借助次临界问题的基态解构造临界问题的(PS)序列，利用 Pohozäev 流形这个自然约束，得到次临界与临界问题最低能量之间的关系，从而得到该(PS)序列的有界性. 其次，因为临界问题研究时缺乏嵌入的紧性，为了得到(PS)序列紧性，需要先对临界问题的极小能量进行估计. 对此，给出了 Hardy-Littlewood-Sobole 临界指数下的 Sobolev 嵌入指数的达到函数，并得到了该嵌入常数的表达式，从而利用达到函数得到了临界问题极小能量的上界估

计.另外,由于右端非局部项的出现,使得无法得到弱收敛的点即为临界点的结论,为此给出一个分解引理,结合紧性引理得到了临界点的存在性,最后完成基态解存在性的证明.

5.2 预备知识

对 $x\in\mathbb{R}^N\setminus\{0\}$,$I_\alpha$ 定义为:$I_\alpha(x):=\dfrac{A_\alpha}{|x|^{N-\alpha}}$,其中 $A_\alpha=\dfrac{\Gamma(\frac{N-\alpha}{2})}{\Gamma(\alpha/2)\pi^{N/2}2^\alpha}$,$\Gamma$ 是伽马函数.

定义 5.1(Riesz 位势) 全空间 $\mathbb{R}^N$ 上,函数 f 的 Riesz 位势定义为

$$(I_\alpha * f)(x)=A_\alpha\int_{\mathbb{R}^N}|x-y|^{-N+\alpha}f(y)\mathrm{d}y,0<\alpha<N,x\in\mathbb{R}^N$$

定义 5.2(能量泛函及弱解) 方程(5.2)对应的能量泛函定义为:

$$I_{2_\alpha^*}(u)=\frac{1}{2}\int_{\mathbb{R}^N}|(-\Delta)^{\frac{s}{2}}u|^2+u^2$$
$$-\frac{1}{2}\int_{\mathbb{R}^N}\left[I_\alpha*(G(u)+\frac{1}{2_\alpha^*}|u|^{2_\alpha^*})\right]\left(G(u)+\frac{1}{2_\alpha^*}|u|^{2_\alpha^*}\right)$$

且若对任意 $\phi\in H^s(\mathbb{R}^N)$有

$$\langle I'_{2_\alpha^*}(u),\phi\rangle=\int_{\mathbb{R}^N}(-\Delta)^{\frac{s}{2}}u(-\Delta)^{\frac{s}{2}}\phi-\int_{\mathbb{R}^N}[I_\alpha*(G(u)+$$
$$\frac{1}{2_\alpha^*}|u|^{2_\alpha^*})](g(u)+|u|^{2_\alpha^*-2}u)\phi$$

称 u 是方程(5.2)的弱解.

下面给出在证明中起到关键作用的 Hardy-Littlewood-Sobolev 不等式.

引理 5.1[129,定理 4.3] 令 $s,r>1,0<\alpha<N$ 满足 $1/s+1/r=1+\alpha/N$,函数 $f\in L^s(\mathbb{R}^N)$,$g\in L^r(\mathbb{R}^N)$,那么存在一个不依赖于 f,g 的正常数 $C(s,N,\alpha)$,使得

$$\left|\int_{\mathbb{R}^N}\int_{\mathbb{R}^N}f(x)|x-y|^{\alpha-N}g(y)\mathrm{d}x\mathrm{d}y\right|\leqslant C(s,N,\alpha)\|f\|_s\|g\|_r \quad (5.3)$$

特别地,如果 $s=r=2N/(N+\alpha)$,

$$C(s,N,\alpha)\triangleq C_\alpha=\pi^{\frac{N-\alpha}{2}}\frac{\Gamma(\alpha/2)}{\Gamma((N+\alpha)/2)}\left[\frac{\Gamma(N/2)}{\Gamma(N)}\right]^{-\alpha/N}$$

此时，不等式(5.3)中等式成立当且仅当 $f\equiv Cg, C\in\mathbb{R}$，

$$g(x)=A(\gamma^2+|x-a|^2)^{-\frac{N+\alpha}{2}}$$

其中 $A\in\mathbb{C}, 0\neq\gamma\in\mathbb{R}$ 和 $a\in\mathbb{R}^N$.

注 5.1 由 Hardy-Littlewood-Sobolev 不等式，假设 $F(u)=|u|^p, u\in H^s(\mathbb{R}^N)$，那么当 $F(u)\in L^t(\mathbb{R}^N), t=2N/(N+\alpha)$ 时，积分 $\int_{\mathbb{R}^N}\int_{\mathbb{R}^N}F(u(x))|x-y|^{\alpha-N}F(u(y))$ 是有意义的.所以由引理 1.1，必然有

$$2\leqslant tp\leqslant 2_s^*$$

也即，

$$\frac{N+\alpha}{N}\leqslant p\leqslant\frac{N+\alpha}{N-2s}$$

其中 $\frac{N+\alpha}{N-2s}$ 即为 Hardy-Littlewood-Sobolev 意义下的临界指数.

注 5.2 由 Hardy-Littlewood-Sobolev 不等式，对任意的 $v\in L^s(\mathbb{R}^N)$，其中 $s\in(1,N/\alpha)$，有 $I_\alpha*v\in L^{Ns/(N-\alpha s)}(\mathbb{R}^N)$，而且，$I_\alpha\in\mathcal{L}(L^s(\mathbb{R}^N),L^{Ns/(N-\alpha s)}(\mathbb{R}^N))$ 及

$$\|I_\alpha*v\|_{\frac{Ns}{N-\alpha s}}\leqslant C(s,N,\alpha)\|v\|_s$$

在紧性证明中需要用到如下紧性引理.

引理 5.2[72]（Strauss 紧性引理） 设 X 为巴拿赫空间，分别连续和紧嵌入到 $L^p(\mathbb{R}^N), p\in[p_1,p_2]$ 和 (p_1,p_2)，其中 $p_1,p_2\in(0,\infty)$.假设 $\{v_n\}\subset X, v:\mathbb{R}^N\to\mathbb{R}$ 是个可测函数，函数 $P\in C(\mathbb{R},\mathbb{R})$ 满足

$$\lim_{|s|\to\infty}\frac{P(s)}{|s|^{p_2}}=0,\ \lim_{|s|\to0}\frac{P(s)}{|s|^{p_1}}=0,\ \sup_n\|v_n\|<\infty,$$

$$\lim_{n\to\infty}P(v_n(x))=v(x)\quad \text{a.e. } x\in\mathbb{R}^N$$

那么，存在一个子列使得在 $L^1(\mathbb{R}^N)$ 中，$P(v_n)\to v$.

5.2.1 辅助方程

为了定理 5.1 的证明，受文献[31,130]启发，引入下面的辅助方程：

$$(-\Delta)^s u+u=[I_\alpha*(G(u)+\frac{1}{q}|u|^q)](g(u)+|u|^{q-2}u), x\in\mathbb{R}^N \tag{5.4}$$

其中 $q\in(2,2_\alpha^*)$，g 满足$(g_1)\sim(g_3)$.辅助方程(5.4)对应的能量泛函为：

$$I_q(u)=\frac{1}{2}\int_{\mathbb{R}^N}|(-\Delta)^{\frac{s}{2}}u|^2+u^2$$

$$-\frac{1}{2}\int_{\mathbb{R}^N}\left[I_\alpha*\left(G(u)+\frac{1}{q}|u|^q\right)\right]\left(G(u)+\frac{1}{q}|u|^q\right)$$

引理 5.3[131] 设 u 和 v 分别是方程(5.2)和(5.4)的弱解，那么 u 和 v 满足下面的 Pohozǎev 恒等式

$$\frac{N-2s}{2}\int_{\mathbb{R}^N}|(-\Delta)^{\frac{s}{2}}u|^2+\frac{N}{2}\int_{\mathbb{R}^N}u^2$$
$$=\frac{N+\alpha}{2}\int_{\mathbb{R}^N}\left[I_\alpha*\left(G(u)+\frac{1}{2_\alpha^*}|u|^{2_\alpha^*}\right)\right]\left(G(u)+\frac{1}{2_\alpha^*}|u|^{2_\alpha^*}\right)$$

以及

$$\frac{N-2s}{2}\int_{\mathbb{R}^N}|(-\Delta)^{\frac{s}{2}}u|^2+\frac{N}{2}\int_{\mathbb{R}^N}u^2$$
$$=\frac{N+\alpha}{2}\int_{\mathbb{R}^N}\left[I_\alpha*\left(G(u)+\frac{1}{q}|u|^q\right)\right]\left(G(u)+\frac{1}{q}|u|^q\right)$$

本章对于方程基态解的研究是利用弱解的自然约束 Pohozǎev 流形进行讨论的，下面分别对临界问题(5.2)和辅助方程(5.4)引入如下 Pohozǎev 流形.

设

$$M_{2_\alpha^*}=\{u\in H^s(\mathbb{R}^N)\backslash\{0\}:J_{2_\alpha^*}(u)=0\}$$
$$M_q=\{u\in H^s(\mathbb{R}^N)\backslash\{0\}:J_q(u)=0\}$$

其中

$$J_{2_\alpha^*}(u)=\frac{N-2s}{2}\int_{\mathbb{R}^N}|(-\Delta)^{\frac{s}{2}}u|^2+\frac{N}{2}\int_{\mathbb{R}^N}u^2$$
$$-\frac{N+\alpha}{2}\int_{\mathbb{R}^N}\left[I_\alpha*\left(G(u)+\frac{1}{2_\alpha^*}|u|^{2_\alpha^*}\right)\right]\left(G(u)+\frac{1}{2_\alpha^*}|u|^{2_\alpha^*}\right)$$

和

$$J_q(u)=\frac{N-2s}{2}\int_{\mathbb{R}^N}|(-\Delta)^{\frac{s}{2}}u|^2+\frac{N}{2}\int_{\mathbb{R}^N}u^2$$
$$-\frac{N+\alpha}{2}\int_{\mathbb{R}^N}\left[I_\alpha*\left(G(u)+\frac{1}{q}|u|^q\right)\right]\left(G(u)+\frac{1}{q}|u|^q\right)$$

记 $m_{2_\alpha^*}=\inf\limits_{u\in M_{2_\alpha^*}}I_{2_\alpha^*}(u)$，$m_q=\inf\limits_{u\in M_q}I_q(u)$.

那么，$M_{2_\alpha^*}$ 和 M_q 是方程(5.2)和(5.4)解的很好的约束.即，如果 $u,v\in H^s(\mathbb{R}^N)$ 分别是(5.2)和(5.4)的解，则由 Pohozǎev 恒等式，有 $u\in M_{2_\alpha^*}$ 及 $v\in M_q$.

对于辅助方程(5.4)，有如下解的存在性结论.

定理 5.2[131] 设 f 满足如下条件，

(1) 对任意 t，$|tf(t)|\leqslant C(|t|^2+|t|^{2_\alpha^*})$，其中 $C>0$ 为一常数；

(2) $\lim\limits_{t\to 0}\frac{F(t)}{|t|^2}=0$ 和 $\lim\limits_{t\to 0}\frac{F(t)}{|t|^{2_\alpha^*}}=0$；

(3) 存在 $t_0\in\mathbb{R}$，使得 $F(t_0)\neq 0$.

则方程(5.4)存在正的径向对称的基态解.

注 5.3 在定理 5.1 的条件下，方程(5.4)存在正的径向对称基态解，记为 $u_q, q\in(2,2_\alpha^*)$.

5.3 分解引理及临界问题最低能量估计

5.3.1 分解引理

首先给出 Young 不等式.

引理 5.4[11] 设 $a,b>0, p>1, q>1, \frac{1}{p}+\frac{1}{q}=1$，则有 $ab\leqslant\frac{a^p}{p}+\frac{b^q}{q}$.

下面给出分解引理.

引理 5.5 设 $\{u_n\}\subset H^s(\mathbb{R}^N)$ 在 $H^s(\mathbb{R}^N)$ 中弱收敛到 u，在 $\mathbb{R}^N$ 中几乎处处收敛到 u. 假设 $H_n(u_n)=|u_n|^{q_n}, q_n\xrightarrow{n\to\infty}2_\alpha^{*-}$，那么

$$\int_{\mathbb{R}^N}|H_n(u_n)-H_n(u_n-u)-H_n(u)|^{\frac{2N}{N+\alpha}}\mathrm{d}x\xrightarrow{n\to\infty}0$$

证明 对任意固定的 $\delta>0$，设 $\Omega_n(\delta):=\{x\in\mathbb{R}^N: |u_n(x)-u(x)|\leqslant\delta\}$，那么，

$$\begin{aligned}
&\int_{\mathbb{R}^N}|H_n(u_n)-H_n(u_n-u)-H_n(u)|^{\frac{2N}{N+\alpha}}\mathrm{d}x\\
\leqslant&\int_{\mathbb{R}^N\setminus\Omega_n(\delta)}|H_n(u_n)-H_n(u_n-u)-H_n(u)|^{\frac{2N}{N+\alpha}}\\
&+\int_{\Omega_n(\delta)}|H_n(u_n)-H_n(u)|^{\frac{2N}{N+\alpha}}+\int_{\Omega_n(\delta)}|H_n(u_n-u)|^{\frac{2N}{N+\alpha}}\\
:=&K_1+K_2+K_3
\end{aligned}$$

首先估计 K_3.

$$\begin{aligned}
K_3&=\int_{\Omega_n(\delta)}|u_n-u|^{q_n\frac{2N}{N+\alpha}}\\
&\leqslant\delta^{\frac{2Nq_n-2N-2\alpha}{N+\alpha}}\int_{\mathbb{R}^N}|u_n-u|^2\mathrm{d}x
\end{aligned}$$

$$\leqslant C\delta^{\frac{2Nq_n-2N-2\alpha}{N+\alpha}}$$

由中值定理和 Hölder 不等式，有

$$\begin{aligned}
K_2 &\leqslant \int_{\Omega_n(\delta)} [(|u|+|u_n|)^{q_n-1}|u_n-u|]^{\frac{2N}{N+\alpha}} \\
&\leqslant \left(\int_{\Omega_n(\delta)} (|u|+|u_n|)^{(q_n-1)\frac{2N}{N+\alpha}\frac{N+\alpha}{2s+\alpha}}\right)^{\frac{2s+\alpha}{N+\alpha}} \left(\int_{\Omega_n(\delta)} |u_n-u|^{\frac{2N}{N+\alpha}\frac{N+\alpha}{N-2s}}\right)^{\frac{N-2s}{N+\alpha}} \\
&= \left(\int_{\Omega_n(\delta)} (|u|+|u_n|)^{(q_n-1)\frac{2N}{2s+\alpha}}\right)^{\frac{2s+\alpha}{N+\alpha}} \left(\int_{\Omega_n(\delta)} |u_n-u|^{\frac{2N}{N-2s}}\right)^{\frac{N-2s}{N+\alpha}}
\end{aligned}$$

记 $\tilde{q}_n=(q_n-1)\dfrac{2N}{2s+\alpha}$.由 $q_n\to 2_\alpha^*$ 可得 $\tilde{q}_n\to 2_s^*=\dfrac{2N}{N-2s}$.由 Young 不等式，有

$$\begin{aligned}
(|u|+|u_n|)^{\tilde{q}_n} &= (|u|+|u_n|)^{\frac{22_s^*-2\tilde{q}_n}{2_s^*-2}}(|u|+|u_n|)^{\frac{2_s^*-2(\tilde{q}_n-2)}{2_s^*-2}} \\
&\leqslant \frac{2_s^*-\tilde{q}_n}{2_s^*-2}(|u|+|u_n|)^2+\frac{\tilde{q}_n-2}{2_s^*-2}(|u|+|u_n|)^{2_s^*} \\
&= (|u|+|u_n|)^{2_s^*}+o_n(1)
\end{aligned}$$

其中 $o_n(1)\xrightarrow{n\to\infty}0$.那么

$$K_2\leqslant\left(\int_{\mathbb{R}^N}(|u|+|u_n|)^{2_s^*}\right)^{\frac{2s+\alpha}{N+\alpha}}\delta^{\frac{4s}{N+\alpha}}\left(\int_{\mathbb{R}^N}(|u_n-u|)^2\mathrm{d}x\right)^{\frac{N-2s}{N+\alpha}}$$

因为 $\{u_n\}$ 在 $H^s(\mathbb{R}^N)$ 中有界，则对任意 $\varepsilon>0$，存在 $\delta>0$，使得 $K_2+K_3<\dfrac{1}{2}\varepsilon$.

下面，给出 K_1 的估计.

$$\begin{aligned}
K_1 &= \int_{\mathbb{R}^N\backslash\Omega_n(\delta)\cup B_R} |H_n(u_n)-H_n(u_n-u)-H_n(u)|^{\frac{2N}{N+\alpha}} \\
&\quad+\int_{B_R\backslash\Omega_n(\delta)} |H_n(u_n)-H_n(u_n-u)-H_n(u)|^{\frac{2N}{N+\alpha}} \\
&:= K_{11}+K_{12}
\end{aligned}$$

一方面，由中值定理，

$$\begin{aligned}
K_{11} &\leqslant \int_{\mathbb{R}^N\backslash B_R} ||u_n|^{q_n}-|u_n-u|^{q_n}-|u|^{q_n}|^{\frac{2N}{N+\alpha}} \\
&\leqslant C\int_{\mathbb{R}^N\backslash B_R} ||u_n|^{q_n}-|u_n-u|^{q_n}|^{\frac{2N}{N+\alpha}}+C\int_{\mathbb{R}^N\backslash B_R} |u|^{q_n\frac{2N}{N+\alpha}} \\
&\leqslant C\int_{\mathbb{R}^N\backslash B_R} ((|u_n|^{q_n-1}+|u|^{q_n-1})|u|)^{\frac{2N}{N+\alpha}}+|u|^{q_n\frac{2N}{N+\alpha}}
\end{aligned}$$

注意到 $\tilde{q}_n\to 2_s^*$，由 Hölder 不等式和 Young 不等式，

$$K_{11} \leqslant C\left(\int_{\mathbb{R}^N \setminus B_R} |u_n|^{(q_n-1)\frac{2N}{2s+\alpha}}\right)^{\frac{2s+\alpha}{N+\alpha}}\left(\int_{\mathbb{R}^N \setminus B_R} |u|^{2_s^*}\right)^{\frac{N-2s}{N+\alpha}}$$
$$+C\int_{\mathbb{R}^N \setminus B_R} |u|^{2_s^*}+o_n(1)$$
$$\leqslant C\left(\int_{\mathbb{R}^N \setminus B_R} |u_n|^{2_s^*}\right)^{\frac{2s+\alpha}{N+\alpha}}\left(\int_{\mathbb{R}^N \setminus B_R} |u|^{2_s^*}\right)^{\frac{N-2s}{N+\alpha}}$$
$$+C\int_{\mathbb{R}^N \setminus B_R} |u|^{2_s^*}+o_n(1)$$

所以，对 R 足够大，有 $K_{11}\leqslant\frac{\varepsilon}{4}$.

另一方面，因为在 $\mathbb{R}^N$ 中 $u_n \xrightarrow{\text{a.e.}} u$，由叶果洛夫定理，$u_n$ 在 B_R 中依测度收敛到 u，这说明

$$\lim_{n\to\infty} |B_R\setminus\Omega_n|=0$$

所以，对 n 足够大，$K_{12}\leqslant\frac{\varepsilon}{4}$，从而 $K_1\leqslant\frac{\varepsilon}{2}$.

结论得证.

□

5.3.2 临界问题最低能量的估计

下面，把右端的非线性项仍记为 $f(t)$.设 $u_t(\cdot)=u(\frac{\cdot}{t})$，那么有下面引理.

引理 5.6 假设 $N>2s$，g 满足$(g_1)\sim(g_3)$，则

(1) $M_{2_\alpha^*}\neq\varnothing$，

(2) 对任意非零 $u\in H^s(\mathbb{R}^N)$，如果有

$$\int_{\mathbb{R}^N}[I_\alpha * F(u)]F(u)>0$$

那么存在 $t_u>0$，使得 $u_{t_u}\in M_{2_\alpha^*}$，而且，$I_{2_\alpha^*}(u_{t_u})=\max\limits_{t>0} I_{2_\alpha^*}(u_t)$.

证明 设 $u\in H^s(\mathbb{R}^N)$满足 $u\geqslant 0$ 且 $u\neq 0$，由 f 所满足的条件必有

$$\int_{\mathbb{R}^N}[I_\alpha * F(u)]F(u)>0$$

令

$$\Psi(t)=I_{2_\alpha^*}(u_t)=\frac{t^{N-2s}}{2}\int_{\mathbb{R}^N}|(-\Delta)^{\frac{s}{2}}u|^2+\frac{t^N}{2}\int_{\mathbb{R}^N}u^2$$

$$-\frac{t^{N+\alpha}}{2}\int_{\mathbb{R}^N}[I_\alpha * F(u)]F(u)$$

由 $N+\alpha>N>N-2s$，则对足够小 $t>0$ 有 $\Psi'(t)t<0$，而对 t 足够大有 $\Psi'(t)t>0$.因此，存在 $t_u>0$，使得 $\Psi'(t)t=0$，这说明 $J_{2_\alpha^*}(u_{t_u})=0$，从而 $u_{t_u}\in M_{2_\alpha^*}$.因此(1)成立.

另一方面，对任意 $u\in H^s(\mathbb{R}^N)$满足 $\int_{\mathbb{R}^N}[I_\alpha * F(u)]F(u)>0$，令 $\tau=t^N$ 及

$$\begin{aligned}\Phi(\tau):&=\Psi(\tau^{\frac{1}{N}})\\&=\frac{1}{2}\tau^{\frac{N-2s}{N}}\int_{\mathbb{R}^N}|(-\Delta)^{\frac{s}{2}}u|^2+\frac{\tau}{2}\int_{\mathbb{R}^N}u^2-\frac{\tau^{\frac{N+\alpha}{N}}}{2}\int_{\mathbb{R}^N}[I_\alpha * F(u)]F(u)\end{aligned}$$

那么对 $\tau>0$，由 $\Phi''(\tau)<0$ 可得 $\Phi(\tau)$是一个凸函数，由上面类似的讨论，存在唯一最大值点 τ_u，使得 $\Phi(\tau_u)$.记 $t_u=\tau_u^{\frac{1}{N}}$，则有

$$I_{2_\alpha^*}(u_{t_u})=\Psi(\tau_u^{\frac{1}{N}})=\max_{t>0}\Phi(t)=\max_{t>0}I_{2_\alpha^*}(u_t)$$

结论得证.

□

下面给出辅助方程最低能量值与临界问题最低能量值之间的关系.

引理 5.7 设 $N>2s$，g 满足$(g_1)\sim(g_3)$.那么 $0<\liminf_{q\to 2_\alpha^*-}m_q\leqslant\limsup_{q\to 2_\alpha^*-}m_q\leqslant m_{2_\alpha^*}$.

证明 首先，证明$\limsup_{q\to 2_\alpha^*-}m_q\leqslant m_{2_\alpha^*}$.因为 $m_{2_\alpha^*}=\inf_{u\in M_{2_\alpha^*}}$，对任意 $\varepsilon\in(0,\frac{1}{2})$，存在 $u\in M_{2_\alpha^*}$，使得 $I_{2_\alpha^*}(u)\leqslant m_{2_\alpha^*}+\varepsilon$ 以及

$$\frac{N-2s}{2}\int_{\mathbb{R}^N}|(-\Delta)^{\frac{s}{2}}u|^2+\frac{N}{2}\int_{\mathbb{R}^N}u^2=\frac{N+\alpha}{2}\int_{\mathbb{R}^N}[I_\alpha * F(u)]F(u)>0$$

因此，存在 $T_u>0$ 足够大，使得

$$\begin{aligned}I_{2_\alpha^*}(u_{T_u})=&\frac{T_u^{N-2s}}{2}\int_{\mathbb{R}^N}|(-\Delta)^{\frac{s}{2}}u|^2+\frac{T_u^N}{2}\int_{\mathbb{R}^N}u^2-\\&\frac{T_u^{N+\alpha}}{2}\int_{\mathbb{R}^N}[I_\alpha * F(u)]F(u)<0\end{aligned}$$

另一方面，

$$\begin{aligned}I_{2_\alpha^*}(u_t)-I_q(u_t)=&\frac{t^{N+\alpha}}{2}\frac{1}{q^2}\int_{\mathbb{R}^N}[I_\alpha *|u|^q]|u|^q-\\&\frac{t^{N+\alpha}}{2}\frac{1}{2_\alpha^{*2}}\int_{\mathbb{R}^N}[I_\alpha *|u|^{2_\alpha^*}]|u|^{2_\alpha^*}-\end{aligned}$$

$$\frac{t^{N+\alpha}}{2}\int_{\mathbb{R}^N}[I_\alpha * G(u)]\left(\frac{1}{2_\alpha^*}|u|^{2_\alpha^*}-\frac{1}{q}|u|^q\right)-$$

$$\frac{t^{N+\alpha}}{2}\int_{\mathbb{R}^N}\left[I_\alpha * \left(\frac{1}{2_\alpha^*}|u|^{2_\alpha^*}-\frac{1}{q}|u|^q\right)\right]G(u)$$

$$:=J_1-J_2-J_3$$

利用控制收敛定理,当$(t,q)\in[0,T_u]\times(2,2_\alpha^*]$时,$\frac{t^N}{q^2}\int_{\mathbb{R}^N}[I_\alpha*|u|^q]|u|^q$是连续的.因此,对 $\varepsilon>0$ 足够小,存在 $\delta>0$,使得对任意 $t\in[0,T_u]$以及 $q\in(2_\alpha^*-\delta,2_\alpha^*)$,可得

$$J_1<\frac{\varepsilon}{3}$$

类似讨论可得

$$J_2<\frac{\varepsilon}{3},J_3<\frac{\varepsilon}{3}$$

所以,对 $q\in(2_\alpha^*-\delta,2_\alpha^*)$,

$$I_q(u_{T_u})<-\frac{1}{2}$$

另一方面,由 I_q 定义计算可得,对 $t>0$ 足够小,$I_q(u_t)>0$,因此,存在 $t_q\in(0,T_u)$,使得 $u_{t_q}\in M_q$,从而 $m_q<I_q(u_{t_q})$.由引理 5.6,由 $u\in M_{2_\alpha^*}$,有$I_{2_\alpha^*}(u_{t_q})\leqslant I_{2_\alpha^*}(u)$.因此,对任意 $q\in(2_\alpha^*-\delta,2_\alpha^*)$,

$$m_q\leqslant I_q(u_{t_q})\leqslant I_{2_\alpha^*}(u_{t_q})+\varepsilon\leqslant I_{2_\alpha^*}(u)+\varepsilon\leqslant m_{2_\alpha^*}+2\varepsilon$$

下面,证明$\lim\inf m_q>0$.由定理 5.2,对任意 $q_n\in(2,2_\alpha^*)$,其中 $q_n\to 2_\alpha^{*-}$,存在一个正解 $u_n\in H_r^s(\mathbb{R}^N)$满足

$$I'_{q_n}(u_n)=0,I_{q_n}(u_n)=m_{q_n} \tag{5.5}$$

由 Pohozǎev 恒等式,对 n 足够大,

$$m_{2_\alpha^*}+1\geqslant m_{q_n}=I_{q_n}(u_n)=I_{q_n}(u_n)-\frac{1}{N+\alpha}J_{q_n}(u_n) \tag{5.6}$$

$$=\frac{\alpha+2s}{2(N+\alpha)}\int_{\mathbb{R}^N}|(-\Delta)^{\frac{s}{2}}u_n|^2+\frac{\alpha}{2(N+\alpha)}\int_{\mathbb{R}^N}|u_n|^2 \tag{5.7}$$

这说明$\{u_n\}$在 $H_r^s(\mathbb{R}^N)$中是有界的.从 $J'_{q_n}(u_n)=0$,可得

$$\frac{N-2s}{2}\int_{\mathbb{R}^N}|(-\Delta)^{\frac{s}{2}}u_n|^2+\frac{N}{2}\int_{\mathbb{R}^N}u_n^2$$

$$=\frac{N+\alpha}{2}\int_{\mathbb{R}^N}\left[I_\alpha*\left(G(u_n)+\frac{1}{q_n}|u_n|^{q_n}\right)\right]\left(G(u_n)+\frac{1}{q_n}|u_n|^{q_n}\right)$$

由$(g_1)\sim(g_2)$，存在 $C>0$，使得

$$|G(t)|\leqslant C(|t|^2+|t|^{2_\alpha^*-1})$$

结合 Hardy-Littlewood-Sobolev 不等式，有

$$\int_{\mathbb{R}^N}\left[I_\alpha*\left(G(u_n)+\frac{1}{q_n}|u_n|^{q_n}\right)\right]\left(G(u_n)+\frac{1}{q_n}|u_n|^{q_n}\right)$$

$$\leqslant C\left(\int_{\mathbb{R}^N}\left|G(u_n)+\frac{1}{q_n}|u_n|^{q_n}\right|^{\frac{2N}{N+\alpha}}\right)^{\frac{N+\alpha}{N}}$$

$$\leqslant C\left(\int_{\mathbb{R}^N}(|u_n|^2+|u_n|^{2_\alpha^*-1}+|u_n|^{q_n})^{\frac{2N}{N+\alpha}}\right)^{\frac{N+\alpha}{N}}$$

$$\leqslant C(\|u_n\|^4+\|u_n\|^{\frac{2(\alpha+2s)}{N-2s}}+\|u_n\|^{2q_n})$$

所以

$$\frac{N-2s}{2}\int_{\mathbb{R}^N}|(-\Delta)^{\frac{s}{2}}u_n|^2+\frac{N}{2}\int_{\mathbb{R}^N}u_n^2\leqslant C(\|u_n\|^4+\|u_n\|^{\frac{2(\alpha+2s)}{N-2s}}+\|u_n\|^{2q_n})$$

从而

$$\|u_n\|^2\leqslant C(\|u_n\|^4+\|u_n\|^{\frac{2(\alpha+2s)}{N-2s}}+\|u_n\|^{2q_n})$$

这个不等式说明，存在 $\delta>0$，使得对任意 $u_n\in M_{q_n}$，$\|u_n\|>\delta$. 因此，由式(5.6)有

$$m_{q_n}\geqslant\frac{\alpha}{2(N+\alpha)}\|u_n\|^2\geqslant C\delta^2>0$$

所以$\liminf m_{q_n}>0$.结论得证.

□

从上面的引理可知 $m_{2_\alpha^*}>0$.为了得到 $m_{2_\alpha^*}$ 的上界估计，首先考虑下面的方程，

$$(-\Delta)^s u=(I_\alpha*|u|^{2_\alpha^*})|u|^{2_\alpha^*-2}u \tag{5.8}$$

设

$$S_{s,\alpha}=\inf_{u\neq0,u\in D^s(\mathbb{R}^N)}\frac{\int_{\mathbb{R}^N}|(-\Delta)^{\frac{s}{2}}u|^2}{\left(\int_{\mathbb{R}^N}[I_\alpha*|u|^{2_\alpha^*}]|u|^{2_\alpha^*}\right)^{\frac{1}{2_\alpha^*}}}$$

对 $S_{s,\alpha}$，有下面的引理.

引理 5.8 $S_{s,\alpha}$可达当且仅当

$$u=C\left(\frac{b}{b^2+|x-a|^2}\right)^{\frac{N-2s}{2}}$$

其中 $C>0$ 是一个固定的常数，$a\in\mathbb{R}^N$，$b>0$ 是参数.而且，

$$S_{s,\alpha}=\frac{S_s}{(C_\alpha A_\alpha)^{\frac{1}{2_\alpha^*}}}$$

证明 一方面，对任意 $H^s(\mathbb{R}^N)$，Hardy-Littlewood-Sobolev 不等式，有

$$\begin{aligned}\int_{\mathbb{R}^N}[I_\alpha*|u|^{2_\alpha^*}]|u|^{2_\alpha^*}&\leqslant A_\alpha C_\alpha\left(\int_{\mathbb{R}^N}|u|^{\frac{1}{2_\alpha^*}\frac{2N}{N+\alpha}}\right)^{\frac{N+\alpha}{N}}\\&=A_\alpha C_\alpha\|u\|_{2_s^*}^{2\cdot 2_\alpha^*}\\&\leqslant A_\alpha C_\alpha\frac{1}{S_s^{2_\alpha^*}}\left(\int_{\mathbb{R}^N}|(-\Delta)^{\frac{s}{2}}u|^2\right)^{2_\alpha^*}\end{aligned}$$

因此，

$$S_{s,\alpha}\geqslant\left(A_\alpha C_\alpha\frac{1}{S_s^{2_\alpha^*}}\right)^{-\frac{1}{2_\alpha^*}}=\frac{S_s}{(A_\alpha C_\alpha)^{\frac{1}{2_\alpha^*}}}$$

另一方面，设 $u=C\left(\frac{b}{b^2+|x-a|^2}\right)^{\frac{N-2s}{2}}$，由引理 5.1，有

$$\int_{\mathbb{R}^N}(I_\alpha*|u|^{2_\alpha^*})|u|^{2_\alpha^*}=A_\alpha C_\alpha\||u|^{2_\alpha^*}\|_{\frac{2N}{N+\alpha}}^2=A_\alpha C_\alpha\left(\int_{\mathbb{R}^N}|u|^{2_s^*}\right)^{\frac{N+\alpha}{N}}$$

已知 S_s 可以被上面定义的 u 达到，所以有

$$S_{s,\alpha}\leqslant\frac{\int_{\mathbb{R}^N}|(-\Delta)^{\frac{s}{2}}u|^2}{\left(A_\alpha C_\alpha\left(\int_{\mathbb{R}^N}|u|^{2_s^*}\right)^{\frac{2}{2_s^*}\cdot 2_\alpha^*}\right)^{\frac{1}{2_\alpha^*}}}=\frac{S_s}{(A_\alpha C_\alpha)^{\frac{1}{2_\alpha^*}}}$$

结论得证.

□

设 $u(x)$ 是 S_s 和 $S_{s,\alpha}$ 的达到函数.定义 $u_\varepsilon(x)=\varepsilon^{-\frac{N-2s}{2}}u(\frac{x}{\varepsilon})$，我们知道 S_s 也可被 $u_\varepsilon(x)$ 达到.下面说明 $u_\varepsilon(x)$ 也是 $S_{s,\alpha}$ 的达到函数.从上面的讨论可知，只要证明

$$\int_{\mathbb{R}^N}(I_\alpha*|u_\varepsilon|^{2_\alpha^*})|u_\varepsilon|^{2_\alpha^*}=A_\alpha C_\alpha\||u_\varepsilon|^{2_\alpha^*}\|_{\frac{2N}{N+\alpha}}^2\tag{5.9}$$

由 $u_\varepsilon(x)$ 的定义，对其左端，有

$$\int_{\mathbb{R}^N}(I_\alpha*|u_\varepsilon|^{2_\alpha^*})|u_\varepsilon|^{2_\alpha^*}=\int_{\mathbb{R}^N}(I_\alpha*|\varepsilon^{-\frac{N-2s}{2}}u(\frac{x}{\varepsilon})|^{2_\alpha^*})|\varepsilon^{-\frac{N-2s}{2}}u(\frac{x}{\varepsilon})|^{2_\alpha^*}$$

$$=\varepsilon^{-(N+\alpha)}A_\alpha\int_{\mathbb{R}^{2N}}\frac{|u(\frac{x}{\varepsilon})|^{2_\alpha^*}u(\frac{y}{\varepsilon})|^{2_\alpha^*}}{|x-y|^{N-\alpha}}\mathrm{d}x\mathrm{d}y$$

$$=A_\alpha\int_{\mathbb{R}^{2N}}\frac{|u(x)|^{2_\alpha^*}|u(y)|^{2_\alpha^*}}{|x-y|^{N-\alpha}}\mathrm{d}x\mathrm{d}y$$

$$=\int_{\mathbb{R}^N}(I_\alpha*|u|^{2_\alpha^*})|u|^{2_\alpha^*}$$

$$=A_\alpha C_\alpha\left(\int_{\mathbb{R}^N}|u|^{2_s^*}\right)^{\frac{N+\alpha}{N}}$$

其中最后一个等式是由 $u(x)$ 为 $S_{s,\alpha}$ 的达到函数得到.另一方面,对式(5.9)的右端,

$$A_\alpha C_\alpha\|\,|u_\varepsilon(x)|^{2_\alpha^*}\|_{\frac{2N}{N+\alpha}}^2=A_\alpha C_\alpha\left(\int_{\mathbb{R}^N}|u_\varepsilon|^{\frac{N+\alpha}{N-2s}\frac{2N}{N+\alpha}}\mathrm{d}x\right)$$

$$=A_\alpha C_\alpha\left(\int_{\mathbb{R}^N}|\varepsilon^{-\frac{N-2s}{2}}u(\frac{x}{\varepsilon})|^{\frac{2N}{N-2s}}\mathrm{d}x\right)^{\frac{N+\alpha}{N}}$$

$$=A_\alpha C_\alpha\left(\int_{\mathbb{R}^N}\varepsilon^{-N}|u(x)|^{\frac{2N}{N-2s}}\varepsilon^N\mathrm{d}x\right)^{\frac{N+\alpha}{N}}$$

$$=A_\alpha C_\alpha\left(\int_{\mathbb{R}^N}|u|^{2_s^*}\mathrm{d}x\right)^{\frac{N+\alpha}{N}}$$

所以,$u_\varepsilon(x)$是 $S_{s,\alpha}$ 的达到函数.

不失一般性,下面设 $u_\varepsilon(x)=C\varepsilon^{-\frac{N-2s}{2}}\left(\dfrac{1}{1+\dfrac{|x|^2}{\varepsilon^2}}\right)^{\frac{N-2s}{2}}$,其中取 $C>0$ 使得 $\|u_\varepsilon\|_{2_s^*}=1$.下面给出的 $m_{2_\alpha^*}$ 估计.

引理 5.9 假设 $N>2s$,g 满足$(g_1)\sim(g_3)$,$\alpha\in((N-4s)_+,N)$那么

$$m_{2_\alpha^*}<\frac{\alpha+2s}{2(N+\alpha)}(2_\alpha^*)^{\frac{N-2s}{\alpha+2s}}S_{s,\alpha}^{\frac{N+\alpha}{\alpha+2s}}$$

证明 令 $\varphi\in C_0^\infty(\mathbb{R}^N,[0,1])$为一个满足如下条件的截断函数,当 $x\in B_1$ 时,$\varphi=1$,当 $x\in\mathbb{R}^N\backslash B_1$ 时,$\varphi=0$.定义测试函数 $v_\varepsilon(x)=\varphi u_\varepsilon(x)$,其中 $u_\varepsilon(x)\in H^s(\mathbb{R}^N)$是上面给出的达到函数,那么有

$$\int_{\mathbb{R}^N}|(-\Delta)^{\frac{s}{2}}v_\varepsilon(x)|\mathrm{d}x\leqslant S_s+O(\varepsilon^{N-2s})$$

和

$$\| v_\varepsilon \|_{L^2}^2 = \begin{cases} O(\varepsilon^{2s}), & n > 4s \\ O(\varepsilon^{2s}\ln\frac{1}{\varepsilon}), & N = 4s \\ O(\varepsilon^{N-2s}), & N < 4s \end{cases}$$

从引理 5.6 可知,存在一个最大值点 $t_\varepsilon>0$,使得 $(v_\varepsilon)_{t_\varepsilon}\in M_{2_\alpha^*}$.下面说明存在常数 $t_1>0,t_2>0$,使得对 ε 充分小,有 $t_\varepsilon\in(t_1,t_2)$.否则,假设当 $\varepsilon\to0$ 时,$t_\varepsilon\to0$ 或 $t_\varepsilon\to\infty$.如果 $t_\varepsilon\xrightarrow{\varepsilon\to0}0$,那么 $m_{2_\alpha^*}\leqslant I_{2_\alpha^*}((v_\varepsilon)_{t_\varepsilon})\to0$,这与 $m_{2_\alpha^*}>0$ 矛盾.如果 $t_\varepsilon\xrightarrow{\varepsilon\to0}\infty$,有 $m_{2_\alpha^*}\leqslant I_{2_\alpha^*}((v_\varepsilon)_{t_\varepsilon})\to-\infty$,得到矛盾,所以 $t_\varepsilon\in(t_1,t_2)$.

下面估计 $I_{2_\alpha^*}((v_\varepsilon)_{t_\varepsilon})$.

$$\begin{aligned} I_{2_\alpha^*}((v_\varepsilon)_{t_\varepsilon}) = & \frac{t_\varepsilon^{N-2s}}{2}\int_{\mathbb{R}^N}|(-\Delta)^{\frac{s}{2}}v_\varepsilon|^2+\frac{t_\varepsilon^N}{2}\int_{\mathbb{R}^N}v_\varepsilon^2 \\ & -\frac{t_\varepsilon^{N+\alpha}}{2}\int_{\mathbb{R}^N}\left[I_\alpha*\left(G(v_\varepsilon)+\frac{1}{2_\alpha^*}|v_\varepsilon|^{2_\alpha^*}\right)\right]\left(G(v_\varepsilon)+\frac{1}{2_\alpha^*}|v_\varepsilon|^{2_\alpha^*}\right) \end{aligned}$$

第一步:估计 $\int_{\mathbb{R}^N}(I_\alpha*|v_\varepsilon|^{2_\alpha^*})|v_\varepsilon|^{2_\alpha^*}$.由 v_ε 的定义,有

$$\begin{aligned} \int_{\mathbb{R}^N}(I_\alpha*|v_\varepsilon|^{2_\alpha^*})|v_\varepsilon|^{2_\alpha^*} \geqslant & A_\alpha\int_{B1}\int_{B1}\frac{|u_\varepsilon(x)|^{2_\alpha^*}|u_\varepsilon(y)|^{2_\alpha^*}}{|x-y|^{N-\alpha}}\mathrm{d}x\mathrm{d}y \\ = & A_\alpha\int_{\mathbb{R}^N}\int_{\mathbb{R}^N}\frac{|u_\varepsilon(x)|^{2_\alpha^*}|u_\varepsilon(y)|^{2_\alpha^*}}{|x-y|^{N-\alpha}}\mathrm{d}x\mathrm{d}y \\ & -2A_\alpha\int_{\mathbb{R}^N\backslash B1}\int_{B1}\frac{|u_\varepsilon(x)|^{2_\alpha^*}|u_\varepsilon(y)|^{2_\alpha^*}}{|x-y|^{N-\alpha}}\mathrm{d}x\mathrm{d}y \\ & -A_\alpha\int_{\mathbb{R}^N\backslash B1}\int_{\mathbb{R}^N\backslash B1}\frac{|u_\varepsilon(x)|^{2_\alpha^*}|u_\varepsilon(y)|^{2_\alpha^*}}{|x-y|^{N-\alpha}}\mathrm{d}x\mathrm{d}y \end{aligned}$$

既然 $S_{s,\alpha}$ 能被 u_ε 达到,则

$$A_\alpha\int_{\mathbb{R}^N}\int_{\mathbb{R}^N}\frac{|u_\varepsilon(x)|^{2_\alpha^*}|u_\varepsilon(y)|^{2_\alpha^*}}{|x-y|^{N-\alpha}}\mathrm{d}x\mathrm{d}y=A_\alpha C_\alpha\left(\int_{\mathbb{R}^N}|u_\varepsilon|^{2_s^*}\mathrm{d}x\right)^{\frac{N+\alpha}{N}}=A_\alpha C_\alpha$$

通过计算可得

$$\int_{\mathbb{R}^N\backslash B1}\int_{B1}\frac{|u_\varepsilon(x)|^{2_\alpha^*}|u_\varepsilon(y)|^{2_\alpha^*}}{|x-y|^{N-\alpha}}\mathrm{d}x\mathrm{d}y\leqslant O(\varepsilon^{\frac{N+\alpha}{2}})$$

和

$$\int_{\mathbb{R}^N\backslash B1}\int_{\mathbb{R}^N\backslash B1}\frac{|u_\varepsilon(x)|^{2_\alpha^*}|u_\varepsilon(y)|^{2_\alpha^*}}{|x-y|^{N-\alpha}}\mathrm{d}x\mathrm{d}y\leqslant O(\varepsilon^{N+\alpha})$$

因此,

$$\int_{\mathbb{R}^N}(I_\alpha * |v_\varepsilon|^{2_\alpha^*})|v_\varepsilon|^{2_\alpha^*} \geqslant A_\alpha C_\alpha - O(\varepsilon^{\frac{N+\alpha}{2}})$$

由上面分析，得到

$$\begin{aligned}
I_{2_\alpha^*}((v_\varepsilon)_{t_\varepsilon}) &\leqslant \frac{t_\varepsilon^{N-2s}}{2}(S_s + O(\varepsilon^{N-2s})) - \frac{t_\varepsilon^{N+\alpha}}{2}(\frac{1}{2_\alpha^*})^2(A_\alpha C_\alpha) \\
&\quad + O(\varepsilon^{\frac{N+\alpha}{2}}) + \frac{t_\varepsilon^N}{2}\int_{\mathbb{R}^N}|v_\varepsilon|^2 - \frac{t_\varepsilon^{N+\alpha}}{2}\cdot\frac{1}{2_\alpha^*}\int_{\mathbb{R}^N}[[I_\alpha * |v_\varepsilon|^{2_\alpha^*}]G(v_\varepsilon)] \\
&\quad - \frac{t_\varepsilon^{N+\alpha}}{2}\cdot\frac{1}{2_\alpha^*}\int_{\mathbb{R}^N}[I_\alpha * G(v_\varepsilon)]|v_e|^{2_\alpha^*} - \frac{t_\varepsilon^{N+\alpha}}{2}\int_{\mathbb{R}^N}[I_\alpha * G(v_\varepsilon)]G(v_\varepsilon) \\
&:= \frac{t_\varepsilon^{N-2s}}{2}S_s - \frac{t_\varepsilon^{N+\alpha}}{2}(\frac{1}{2_\alpha^*})^2 A_\alpha C_\alpha + O(\varepsilon^{N-2s}) + O(\varepsilon^{\frac{N+\alpha}{2}}) \\
&\quad + \frac{t_\varepsilon^N}{2}\int_{\mathbb{R}^N}|v_\varepsilon|^2 - K_1 - K_2 - K_3
\end{aligned}$$

其中

$$K_1 = \frac{t_\varepsilon^{N+\alpha}}{2}\cdot\frac{1}{2_\alpha^*}\int_{\mathbb{R}^N}[I_\alpha * |v_\varepsilon|^{2_\alpha^*}]G(v_\varepsilon)$$

$$K_2 = \frac{t_\varepsilon^{N+\alpha}}{2}\cdot\frac{1}{2_\alpha^*}\int_{\mathbb{R}^N}[I_\alpha * G(v_\varepsilon)]|v_e|^{2_\alpha^*}$$

$$K_3 = \frac{t_\varepsilon^{N+\alpha}}{2}\int_{\mathbb{R}^N}[I_\alpha * G(v_\varepsilon)]G(v_\varepsilon)$$

令 $h(t) = \frac{t^{N-2s}}{2}S_s - \frac{t^{N+\alpha}}{2}(\frac{1}{2_\alpha^*})^2 A_\alpha C_\alpha$，有

$$\max_{t\geqslant 0} h(t) = \frac{\alpha+2s}{2(N+\alpha)}(2_\alpha^*)^{\frac{N-2s}{\alpha+2s}} S_{s,\alpha}^{\frac{N+\alpha}{\alpha+2s}}$$

定义 $\eta(\varepsilon) = O(\varepsilon^{N-2s}) + O(\varepsilon^{\frac{N+\alpha}{2}}) + \frac{t_\varepsilon^N}{2}\int_{\mathbb{R}^N}|v_\varepsilon|^2$，对 ε 充分小，由 $\alpha \in ((N-4s)_+, N)$，可得

$$\eta(\varepsilon) = \begin{cases} O(\varepsilon^{2s}), & N > 4s \\ O(\varepsilon^{2s}(\ln\frac{1}{\varepsilon}+1)), & N = 4s \\ O(\varepsilon^{N-2s}), & N < 4s \end{cases}$$

第二步：估计 K_1, K_2 和 K_3。由 $v_\varepsilon(x) = \varphi\cdot u_\varepsilon(x)$，对 $|x| < \varepsilon$ 及 ε 充分小，有

$$v_\varepsilon(x)=u_\varepsilon(x)=C\varepsilon^{-\frac{N-2s}{2}}\left(\frac{\varepsilon^2}{\varepsilon^2+|x|^2}\right)^{\frac{N-2s}{2}}\geqslant C\cdot\varepsilon^{-\frac{N-2s}{2}}$$

从(g_3)可得，对任意 $R>0$，存在 $C_R>0$，使得对任意 $t\in[C_R,+\infty)$，

$$G(t)\geqslant\begin{cases}Rt^{\frac{N+\alpha-4s}{N-2s}}, & N>4s\\ Rt^{\frac{\alpha}{2s}}\ln t^{\frac{1}{s}}, & N=4s\\ Rt^{\frac{\alpha+4s-N}{N-2s}}, & N<4s\end{cases}$$

因此，对 ε 充分小，如果 $N>4s$，有

$$\begin{aligned}K_1&\geqslant C\int_{B(\varepsilon)}\int_{B(\varepsilon)}\frac{|u_\varepsilon(x)|^{2_\alpha^*}G(u_\varepsilon(y))}{|x-y|^{N-\alpha}}\\&\geqslant CR\int_{B(\varepsilon)}\int_{B(\varepsilon)}\frac{(\varepsilon^{-\frac{N-2s}{2}})^{2_\alpha^*}\cdot(\varepsilon^{-\frac{N-2s}{2}})^{\frac{N+\alpha-4s}{N-2s}}}{|x-y|^{N-\alpha}}\\&=CR\varepsilon^{-\frac{N+\alpha}{2}-\frac{N+\alpha-4s}{2}}\int_{B(\varepsilon)}\int_{B(\varepsilon)}\frac{1}{|x-y|^{N-\alpha}}\\&=CR\varepsilon^{-\frac{N+\alpha}{2}-\frac{N+\alpha-4s}{2}}\int_{B(1)}\int_{B(1)}\frac{\varepsilon^{2N}}{\varepsilon^{N-\alpha}|x-y|^{N-\alpha}}\\&=CR\varepsilon^{2s}\int_{B(1)}\int_{B(1)}\frac{1}{|x-y|^{N-\alpha}}\end{aligned}$$

由 Hardy-Littlewood-Sobolev 不等式和 Lebesgue 控制收敛定理，

$$K_1\geqslant CR\varepsilon^{2s}$$

如果 $N=4s$，对 ε 充分小，同上类似讨论，

$$\begin{aligned}K_1&\geqslant CR\int_{B(\varepsilon)}\int_{B(\varepsilon)}\frac{(\varepsilon^{-\frac{N-2s}{2}})^{2_\alpha^*}\cdot(\varepsilon^{-\frac{N-2s}{2}})^{\frac{\alpha}{2s}}\cdot\ln(\varepsilon^{-\frac{N-2s}{2}})^{\frac{1}{s}}}{|x-y|^{N-\alpha}}\\&=CR\varepsilon^{-\frac{N+\alpha}{2}-\frac{\alpha}{2}}\ln\varepsilon^{-1}\int_{B(\varepsilon)}\int_{B(\varepsilon)}\frac{1}{|x-y|^{N-\alpha}}\\&=CR\varepsilon^{-\frac{N+\alpha}{2}-\alpha}\ln\varepsilon^{-1}\int_{B(1)}\int_{B(1)}\frac{\varepsilon^{2N}}{\varepsilon^{N-\alpha}|x-y|^{N-\alpha}}\\&=CR\varepsilon^{2s}\ln\varepsilon^{-1}\end{aligned}$$

类似的，如果 $N<4s$ 和 ε 充分小，

$$K_1\geqslant CR\varepsilon^{N-4s}$$

$$K_2\geqslant\begin{cases}RC\varepsilon^{2s}, & N>4s\\ RC\varepsilon^{2s}\ln\varepsilon^{-1}, & N=4s\\ RC\varepsilon^{N-2s}, & N<4s\end{cases}$$

和

$$K_3 \geqslant \begin{cases} R^2 C\varepsilon^{4s}, & N > 4s \\ R^2 C\varepsilon^{4s}(\ln \varepsilon^{-1})^2, & N = 4s \\ R^2 C\varepsilon^{2N-4s}, & N < 4s \end{cases}$$

因此，

$$K_1 + K_2 + K_3 \geqslant \begin{cases} RC\varepsilon^{2s}, & N > 4s \\ RC\varepsilon^{2s} \ln \varepsilon^{-1}, & N = 4s \\ RC\varepsilon^{N-2s}, & N < 4s \end{cases}$$

从而，利用 R 的任意性，有

$$\lim_{\varepsilon \to 0+} \frac{K_1 + K_2 + K_3}{\eta(\varepsilon)} = +\infty$$

这说明，对 ε 充分小，

$$m_{2_\alpha^*} \leqslant I_{2_\alpha^*}((v_\varepsilon)_{t_\varepsilon}) < \frac{\alpha + 2s}{2(N+\alpha)}(2_\alpha^*)^{\frac{N-2s}{\alpha+2s}} S_{s,\alpha}^{\frac{N+\alpha}{\alpha+2s}}$$

结论得证.

□

5.4 主要定理证明

定理 5.1 的证明. 由定理 5.2，对任意 $q_n \in (2, 2_\alpha^*)$，方程(5.4)存在一个正的径向对称的基态解 u_{q_n}，下面记为 u_n，它们满足式(5.5). 由引理 5.7 可知，$\{u_n\}$ 在 $H_r^s(\mathbb{R}^N)$ 中有界，那么存在一个非负径向对称的函数 $u \in H_r^s(\mathbb{R}^N)$，使得$\{u_n\}$存在一个子列在 $H_r^s(\mathbb{R}^N)$ 中弱收敛到 u. 由引理 1.1，对任意的 $r \in (2, 2_s^*)$，$\{u_n\}$ 在 $L^r(\mathbb{R}^N)$ 中强收敛到 u，在 $\mathbb{R}^N$ 中 $u_n(x)$ 几乎处处收敛到 $u(x)$.

下面分三步证明 u 即为方程(5.2)的最低能量解.

第一步：证明 u 即为 $I_{2_\alpha^*}$ 的临界点，即为原临界问题的弱解.

因为右端非局部项的出现，即使$\{u_n\}$在 $H_r^s(\mathbb{R}^N)$ 中弱收敛到 u，也不易立即得到 u 为 $I_{2_\alpha^*}$ 的临界点. 要证明是临界点，关键要证明：对任意 $\varphi \in C_0^\infty(\mathbb{R}^N)$，下面极限成立，

$$\int_{\mathbb{R}^N} \left[I_\alpha * \left(G(u_n) + \frac{1}{q_n} |u_n|^{q_n} \right) \right] (g(u_n) + |u_n|^{q_n - 2} u_n) \varphi$$

$$\to \int_{\mathbb{R}^N} \left(G(u) + \frac{1}{2_\alpha^*} |u|^{2_\alpha^*} \right) (g(u) + |u|^{\frac{\alpha+4s-N}{N-2s}} u) \varphi \tag{5.10}$$

为此，先证明对任意的 $\varphi \in C_0^\infty(\mathbb{R}^N)$，有

$$\int_{\mathbb{R}^N} [I_\alpha * G(u_n)] g(u_n) \varphi \to \int_{\mathbb{R}^N} [I_\alpha * G(u)] g(u) \varphi \tag{5.11}$$

因为

$$\begin{aligned} &\int_{\mathbb{R}^N} [I_\alpha * G(u_n)] g(u_n) \varphi - \int_{\mathbb{R}^N} [I_\alpha * G(u)] g(u) \varphi \\ =& \int_{\mathbb{R}^N} [I_\alpha * (G(u_n) - G(u))] g(u_n) \varphi + \int_{\mathbb{R}^N} [I_\alpha * G(u_n)] (g(u_n) - g(u)) \varphi \end{aligned}$$

一方面，由 Hardy-Littlewood-Sobolev 不等式可得

$$\begin{aligned} &\left| \int_{\mathbb{R}^N} [I_\alpha * (G(u_n) - G(u))] g(u_n) \varphi \right| \\ \leqslant& \left(\int_{\mathbb{R}^N} |G(u_n) - G(u)|^{\frac{2N}{N+\alpha}} \right)^{\frac{N+\alpha}{2N}} \left(\int_{\mathbb{R}^N} |g(u_n) \varphi|^{\frac{2N}{N+\alpha}} \right)^{\frac{N+\alpha}{2N}} \end{aligned}$$

由(g_1)～(g_2)，对任意 $\varepsilon > 0$，存在 $C(\varepsilon) > 0$，$p \in (2, 2_\alpha^* - 1)$使得

$$g(t) \leqslant \varepsilon(|t|^2 + |t|^{2_\alpha^* - 1}) + C(\varepsilon) |t|^p$$

已知对 $r \in (2, 2_s^*)$，u_n 在 $L^r(\mathbb{R}^N)$中强收敛到 u，所以当 $\varepsilon \to 0$ 时，$\int_{\mathbb{R}^N} |G(u_n) - G(u)|^{\frac{2N}{N+\alpha}} \to 0$.结合$\int_{\mathbb{R}^N} |g(u_n)\varphi|^{\frac{2N}{N+\alpha}}$ 的可积性，得到当 $n \to \infty$时，对任意的 $\varphi \in C_0^\infty(\mathbb{R}^N)$，有

$$\int_{\mathbb{R}^N} [I_\alpha * (G(u_n) - G(u))] g(u_n) \varphi \to 0$$

另一方面，由 Hardy-Littlewood-Sobolev 不等式及 u_n 在 $H^s(\mathbb{R}^N)$中弱收敛到 u，对任意的 $\varphi \in C_0^\infty(\mathbb{R}^N)$，有

$$\begin{aligned} &\int_{\mathbb{R}^N} [I_\alpha * G(u)] (g(u_n) - g(u)) \varphi \\ \leqslant& \left(\int_{\mathbb{R}^N} |G(u)|^{\frac{2N}{N+\alpha}} \right)^{\frac{N+\alpha}{2N}} \left(\int_{\mathbb{R}^N} |(g(u_n) - g(u))^{\frac{2N}{N+\alpha}} \varphi|^{\frac{2N}{N+\alpha}} \right)^{\frac{N+\alpha}{2N}} \\ \to& 0 \end{aligned}$$

所以式(5.11)成立.

其次证明，对任意的 $\varphi \in C_0^\infty(\mathbb{R}^N)$，有

$$\int_{\mathbb{R}^N} [I_\alpha * |u_n|^{q_n}] |u_n|^{q_n - 2} u_n \varphi \to \int_{\mathbb{R}^N} [I_\alpha * |u|^{2_\alpha^*}] |u_n|^{\frac{\alpha+4s-N}{N-2s}} u \varphi \tag{5.12}$$

首先，由 Hardy-Littlewood-Sobolev 不等式及 u_n 在 $H^s(\mathbb{R}^N)$ 中弱收敛到 u，类似上面的讨论可得，对任意的 $\varphi\in C_0^\infty(\mathbb{R}^N)$，

$$\int_{\mathbb{R}^N}[I_\alpha * |u_n|^{q_n}]|u_n|^{q_n-2}u_n\varphi \to \int_{\mathbb{R}^N}[I_\alpha * |u_n|^{q_n}]|u|^{2_\alpha^*-2}u\varphi$$

另外，由 Hardy-Littlewood-Sobolev 不等式，

$$\left|\int_{\mathbb{R}^N}[I_\alpha *(|u_n|^{q_n}-|u|^{q_n}-|u_n-u|^{q_n})]|u|^{2_\alpha^*-2}u\varphi\right|$$

$$\leqslant C\left(\int_{\mathbb{R}^N}||u_n|^{q_n}-|u|^{q_n}-|u_n-u|^{q_n}|^{\frac{2N}{N+\alpha}}\right)^{\frac{N+\alpha}{2N}}\left(\int_{\mathbb{R}^N}|u|^{(2_\alpha^*-1)\frac{2N}{N+\alpha}}|\varphi|^{\frac{2N}{N+\alpha}}\right)^{\frac{N+\alpha}{2N}}$$

由引理 5.5，当 $n\to\infty$ 时，$\int_{\mathbb{R}^N}||u_n|^{q_n}-|u|^{q_n}-|u_n-u|^{q_n}|^{\frac{2N}{N+\alpha}}\to 0$. 而且，由 Hölder 不等式和引理 1.1，

$$\begin{aligned}&\left(\int_{\mathbb{R}^N}|u|^{(2_\alpha^*-1)\frac{2N}{N+\alpha}}|\varphi|^{\frac{2N}{N+\alpha}}\right)^{\frac{N+\alpha}{2N}}\\ \leqslant&\left(\int_{\mathbb{R}^N}|u|^{(2_\alpha^*-1)\frac{2N}{N+\alpha}\frac{N+\alpha}{\alpha+2s}}\right)^{\frac{\alpha+2s}{2N}}\left(\int_{\mathbb{R}^N}|\varphi|^{\frac{2N}{N+\alpha}\frac{N+\alpha}{N-2s}}\right)^{\frac{N-2s}{2N}}\\ \leqslant&\left(\int_{\mathbb{R}^N}|u|^{2_s^*}\right)^{\frac{\alpha+2s}{2N}}\left(\int_{\mathbb{R}^N}|\varphi|^{2_s^*}\right)^{\frac{N-2s}{2N}}\\ \leqslant& C\|\varphi\|\end{aligned}$$

因此，对任意 $\varphi\in C_0^\infty(\mathbb{R}^N)$，有

$$\int_{\mathbb{R}^N}[I_\alpha *(|u_n|^{q_n}-|u|^{q_n}-|u_n-u|^{q_n})]|u|^{2_\alpha^*-2}u\varphi\to 0$$

由 $q_n \xrightarrow{n\to\infty} 2_\alpha^{*-}$，结合 Young 不等式和 Hardy-Littlewood-Sobolev 不等式，

$$\begin{aligned}&\int_{\mathbb{R}^N}[I_\alpha * |u_n|^{q_n}]|u|^{2_\alpha^*-2}u\varphi\\ \leqslant&\int_{\mathbb{R}^N}\left[I_\alpha *\left(\frac{2_\alpha^*-q_n}{2_\alpha^*-2}|u|^2+\frac{q_n-2}{2_\alpha^*-2}|u|^{2_\alpha^*}\right)\right]|u|^{2_\alpha^*-2}u\varphi\\ =&\int_{\mathbb{R}^N}(I_\alpha * |u|^{2_\alpha^*})|u|^{2_\alpha^*-2}u\varphi+o_n(1)\\ \leqslant& C\left(\int_{\mathbb{R}^N}|u|^{2_\alpha^*\frac{2N}{N+\alpha}}\right)^{\frac{N+\alpha}{2N}}\left(\int_{\mathbb{R}^N}\left||u|^{2_\alpha^*-1}\varphi\right|^{\frac{2N}{N+\alpha}}\right)^{\frac{N+\alpha}{2N}}+o_n(1)\\ \leqslant& C\|\varphi\|+o_n(1),\forall\varphi\in C_0^\infty(\mathbb{R}^N)\end{aligned}$$

由 Lebesgue 控制收敛定理，有

$$\int_{\mathbb{R}^N}[I_\alpha * |u_n|^{q_n}]|u|^{2_\alpha^*-2}u\varphi]\to\int_{\mathbb{R}^N}[I_\alpha * |u|^{2_\alpha^*}]|u|^{2_\alpha^*-2}u\varphi,\forall\varphi\in C_0^\infty(\mathbb{R}^N)$$

类似可得

$$\int_{\mathbb{R}^N}[I_\alpha * |u_n-u|^{q_n}]|u|^{2_\alpha^*-2}u\varphi \to \int_{\mathbb{R}^N}[I_\alpha * |u_n-u|^{2_\alpha^*}]|u|^{2_\alpha^*-2}u\varphi, \forall \varphi\in C_0^\infty(\mathbb{R}^N)$$

最后,因为$|u_n-u|^{2_\alpha^*}\in L^{\frac{2N}{N+\alpha}}(\mathbb{R}^N)$,那么由引理 5.1,$I_\alpha * |u_n-u|^{2_\alpha^*}\in L^{\frac{2N}{N-\alpha}}(\mathbb{R}^N)$.因此$|I_\alpha * |u_n-u|^{2_\alpha^*}|^{\frac{2N}{N+2s}}\in L^{\frac{N+2s}{N-\alpha}}(\mathbb{R}^N)$,进一步,由引理 5.1 得到

$$\| |I_\alpha * |u_n-u|^{2_\alpha^*}|^{\frac{2N}{N+2s}}\|_{\frac{N+2s}{N-\alpha}}\leqslant \| |u_n-u|^{2_\alpha^*}\|_{\frac{2N}{N+\alpha}}^{\frac{2N}{N+2s}}<\infty$$

所以,在$L^{\frac{N+2s}{N-\alpha}}(\mathbb{R}^N)$中,$\left|I_\alpha * |u_n-u|^{2_\alpha^*}\right|^{\frac{2N}{N+2s}}\to 0$.

另一方面,由$\left||u|^{2_\alpha^*-2}u\right|=|u|^{\frac{\alpha+2s}{N-2s}\frac{2N}{N+2s}}\in L^{\frac{N+2s}{\alpha+2s}}(\mathbb{R}^N)$,得到

$$\lim_{n\to 0}\int_{\mathbb{R}^N}|I_\alpha * |u_n-u|^{2_\alpha^*}|^{\frac{2N}{N+2s}}|u|^{\frac{\alpha+2s}{N-2s}\frac{2N}{N+2s}}=0$$

由 Hölder 不等式,对任意$\varphi\in C_0^\infty(\mathbb{R}^N)$,

$$\begin{aligned}&\int_{\mathbb{R}^N}[I_\alpha * |u_n-u|^{2_\alpha^*}]|u|^{2_\alpha^*-2}u\varphi\\ &\leqslant\left(\int_{\mathbb{R}^N}|[I_\alpha * |u_n-u|^{2_\alpha^*}]|u|^{2_\alpha^*-2}u|^{\frac{2N}{N+2s}}\right)^{\frac{N+2s}{2N}}\left(\int_{\mathbb{R}^N}|\varphi|^{\frac{2N}{N-2s}}\right)^{\frac{N-2s}{2N}}\\ &=o_n(1)\|\varphi\|\end{aligned}$$

由上面的讨论,得到式(5.12)成立.

最后,类似上面的证明,可以证明,对任意$\varphi\in C_0^\infty(\mathbb{R}^N)$,

$$\int_{\mathbb{R}^N}[I_\alpha * G(u_n)]|u_n|^{q_n-2}u_n\varphi\to\int_{\mathbb{R}^N}[I_\alpha * G(u)]|u|^{\frac{\alpha+4s-N}{N-2s}}u\varphi \quad (5.13)$$

和

$$\int_{\mathbb{R}^N}[I_\alpha * |u_n|^{q_n}]G(u_n)\varphi\to\int_{\mathbb{R}^N}[I_\alpha * |u|^{2_\alpha^*}]G(u)\varphi \quad (5.14)$$

所以,由式(5.11)、式(5.12)、式(5.13)和式(5.14),得到了式(5.10)成立.从而得到u是$I_{2_\alpha^*}$的临界点.

第二步:证明$u\neq 0$.假设u_n在$H_r^s(\mathbb{R}^N)$中弱收敛到 0,由式(5.5),得到

$$\begin{aligned}\int_{\mathbb{R}^N}|(-\Delta)^{\frac{s}{2}}u_n|^2+\int_{\mathbb{R}^N}u_n^2&=\int_{\mathbb{R}^N}I_\alpha * \left(G(u_n)+\frac{1}{q_n}|u_n|^{q_n}\right)(g(u_n)u_n+|u_n|^{q_n})\\ &=\int_{\mathbb{R}^N}I_\alpha * \left(G(u_n)+\frac{1}{q_n}|u_n|^{q_n}\right)g(u_n)u_n\\ &\quad+\int_{\mathbb{R}^N}(I_\alpha * G(u_n))|u_n|^{q_n}\end{aligned}$$

$$+\frac{1}{q_n}\int_{\mathbb{R}^N}(I_\alpha * |u_n|^{q_n})|u_n|^{q_n}$$

令 $P(t)=(g(t)t)^{\frac{2N}{N+\alpha}}$，由条件$(g_1)\sim(g_2)$，

$$\lim_{t\to 0}\frac{P(t)}{|t|^2}=0,\lim_{t\to+\infty}\frac{P(t)}{|t|^{2_s^*}}=0$$

由 u_n 弱收敛到 0 和 u_n 几乎处处收敛到 0，所以 $P(u_n(x))$ 几乎处处收敛到 0.而且，由引理 5.7 中的讨论，$\{u_n\}$ 在 $H_r^s(\mathbb{R}^N)$ 中有界.所以，由引理 1.1 以及紧性引理 5.2，在 $L^1(\mathbb{R}^N)$ 中 $P(u_n(x))\to 0$. 从而在 $L^{\frac{N+\alpha}{2N}}(\mathbb{R}^N)$ 中，$g(u_n(x))u_n(x)\to 0$.因此，由 Hardy-Littlewood-Sobolev 不等式，

$$\int_{\mathbb{R}^N}I_\alpha * \left(G(u_n)+\frac{1}{q_n}|u_n|^{q_n}\right)g(u_n)u_n$$
$$\leqslant\left(\int_{\mathbb{R}^N}\left|G(u_n)+\frac{1}{q_n}|u_n|^{q_n}\right|^{\frac{2N}{N+\alpha}}\right)^{\frac{N+\alpha}{2N}}\left(\int_{\mathbb{R}^N}|g(u_n)u_n|^{\frac{2N}{N+\alpha}}\right)^{\frac{N+\alpha}{2N}}\to 0$$

类似地，有 $\int_{\mathbb{R}^N}(I_\alpha * G(u_n))|u_n|^{q_n}\to 0$，从而

$$\int_{\mathbb{R}^N}|(-\Delta)^{\frac{s}{2}}u_n|^2+\int_{\mathbb{R}^N}u_n^2$$
$$=\frac{1}{q_n}\int_{\mathbb{R}^N}(I_\alpha * |u_n|^{q_n})|u_n|^{q_n}+o_n(1)$$

由 Young 不等式和 $q_n\to 2_\alpha^{*-}$，

$$\int_{\mathbb{R}^N}|(-\Delta)^{\frac{s}{2}}u_n|^2+\int_{\mathbb{R}^N}u_n^2$$
$$\leqslant\frac{1}{q_n}\int_{\mathbb{R}^N}\left\{\left[I_\alpha * \left(\frac{2_\alpha^*-q_n}{2_\alpha^*-2}|u_n|^2+\frac{q_n-2}{2_\alpha^*-2}|u_n|^{2_\alpha^*}\right)\right]\right.$$
$$\left.\left(\frac{2_\alpha^*-q_n}{2_\alpha^*-2}|u_n|^2+\frac{q_n-2}{2_\alpha^*-2}|u_n|^{2_\alpha^*}\right)\right\}+o_n(1)$$
$$\leqslant\frac{1}{2_\alpha^*}\int_{\mathbb{R}^N}[I_\alpha * |u_n|^{2_\alpha^*}]|u_n|^{2_\alpha^*}+o_n(1)$$

结合 $S_{s,\alpha}$的定义，有

$$\int_{\mathbb{R}^N}|(-\Delta)^{\frac{s}{2}}u_n|^2\leqslant\frac{1}{2_\alpha^*}\left(\frac{\int_{\mathbb{R}^N}|(-\Delta)^{\frac{s}{2}}u_n|^2}{S_{s,\alpha}}\right)^{\frac{N+\alpha}{N-2s}}+o_n(1)$$

所以，或者 $\int_{\mathbb{R}^N}|(-\Delta)^{\frac{s}{2}}u_n|^2\to 0$，或者 $\int_{\mathbb{R}^N}|(-\Delta)^{\frac{s}{2}}u_n|^2\geqslant(2_\alpha^*\cdot S_{s,\alpha}^{\frac{N+\alpha}{N-2s}})^{\frac{N-2s}{\alpha+2s}}$.

如果$\int_{\mathbb{R}^N}|(-\Delta)^{\frac{s}{2}}u_n|^2\to 0$,得到$\int_{\mathbb{R}^N}[I_\alpha * |u_n|^{2_\alpha^*}]|u_n|^{2_\alpha^*}\to 0$和$\int_{\mathbb{R}^N}|u_n|^2\to 0$.从而得到$m_{q_n}=I_{q_n}(u_n)\to 0$,这与引理 5.7 矛盾.所以$\int_{\mathbb{R}^N}|(-\Delta)^{\frac{s}{2}}u_n|^2\geqslant(2_\alpha^*\cdot S_{s,\alpha}^{\frac{N+\alpha}{N-2s}})^{\frac{N-2s}{\alpha+2s}}$.由引理 5.7,

$$
\begin{aligned}
m_{2_\alpha^*}&\geqslant \limsup m_{q_n}=\limsup\Big[I_{q_n}(u_n)-\frac{1}{N+\alpha}J_{q_n}(u_n)\Big]\\
&=\limsup\Big(\frac{\alpha+2s}{2(N+\alpha)}\int_{\mathbb{R}^N}|(-\Delta)^{\frac{s}{2}}u_n|^2+\frac{\alpha}{2(N+\alpha)}\int_{\mathbb{R}^N}|u_n|^2\Big)\\
&\geqslant\frac{\alpha+2s}{2(N+\alpha)}\int_{\mathbb{R}^N}|(-\Delta)^{\frac{s}{2}}u_n|^2\\
&\geqslant\frac{\alpha+2s}{2(N+\alpha)}(2_\alpha^*\cdot S_{s,\alpha}^{\frac{N+\alpha}{N-2s}})^{\frac{N-2s}{\alpha+2s}}\\
&=\frac{\alpha+2s}{2(N+\alpha)}(2_\alpha^*)^{\frac{N-2s}{\alpha+2s}}S_{s,\alpha}^{\frac{N+\alpha}{\alpha+2s}}
\end{aligned}
$$

这与引理 5.9 矛盾.因此 $u\neq 0$.

第三步:证明 $m_{2_\alpha^*}=I_{2_\alpha^*}(u)$.因为 $I'_{2_\alpha^*}(u)=0$,由范数的弱下半连续性

$$
\begin{aligned}
m_{2_\alpha^*}\leqslant I_{2_\alpha^*}(u)&=I_{2_\alpha^*}(u)-\frac{1}{N+\alpha}J_{2_\alpha^*}(u)\\
&=\frac{\alpha+2s}{2(N+\alpha)}\int_{\mathbb{R}^N}|(-\Delta)^{\frac{s}{2}}u|^2+\frac{\alpha}{2(N+\alpha)}\int_{\mathbb{R}^N}|u|^2\\
&\leqslant\liminf\Big(\frac{\alpha+2s}{2(N+\alpha)}\int_{\mathbb{R}^N}|(-\Delta)^{\frac{s}{2}}u_n|^2+\frac{\alpha}{2(N+\alpha)}\int_{\mathbb{R}^N}|u_n|^2\Big)\\
&=\liminf I_{q_n}(u_n)-\frac{1}{N+\alpha}J_{q_n}(u_n)\\
&=\liminf m_{q_n}\\
&\leqslant\limsup m_{q_n}\\
&\leqslant m_{2_\alpha^*}
\end{aligned}
$$

即 $I_{2_\alpha^*}=m_{2_\alpha^*}$,结论得证.

□

6 总结与展望

6.1 总结

本书主要做了四个方面的工作：

第一，证明了具有临界指数的分数阶 Schrödinger 方程基态解的存在性.本书在非线性项不满足单调性条件和(AR)条件下，利用 Struwe-Jeanjean 的单调性技巧和有界的(PS)序列的分解，得到了临界情形下基态解的存在性，其中对于势函数的条件也更为一般.

第二，证明了具有临界指数的奇异扰动分数阶 Schrödinger 方程单峰解的存在性，并证明了解的最大值点集中于势场的最小值点.主要借助分数阶算子的扩展理论，将局部问题转化为非局部问题，同时采用截断的方法，通过全空间上 Morser 迭代得到极限问题基态解集的一致无穷模估计，将临界问题转化为次临界问题，最后利用次临界问题解的存在性和集中性，结合 Schauder 估计得到原问题解的存在性和集中性.本书将次临界的结果推广到了临界情形，与临界情形下已有的结果相比，非线性项的条件更弱.

第三，研究了两类具有临界指数的分数阶 Kirchhoff 方程解及多解的存在性.首先利用扰动的思想，在极限问题基态解邻域构造特殊的(PS)序列，再通过分析该序列的特点及极限问题基态解集的性质得到了原问题解的存在性，并且得到了解随参数的渐近行为.另外，利用截断函数法、集中紧原理和环绕定理得到了一类具有临界指数的分数阶 Kirchhoff 方程的多解性.所得结果都突破了对空间维数的依赖，推广了已有的结果.

第四，证明了具有 Hardy-Littlewood-Sobolev 临界指数的分数阶 Choquard 方程基态解的存在性.在非线性项不满足(AR)条件和单调性条件下，从次临界问题基态解集出发，构造了临界问题的有界(PS)序列.同时，本书给出了 Hardy-Littlewood-Sobolev 临界指数下的 Sobolev 嵌入常数以及其达到函数，从而得到了临界问题最低能量的上界估计.利用分解引理和紧性引理，得到了非零临界点的存在性，最后得到了径向对称基态解的存在性.

6.2 展望

分数阶微分方程具有广泛的应用背景和深刻的理论内涵，但是由于它的非局部特性，很多方法在使用的时候也都有不同于整数阶的地方，很多理论也还不够成熟，如椭圆估计、正则性理论等.另外分数阶方程的变号解、多解性研究以及奇异扰动问题中极大点、鞍点附近的集中都是非常有意义的课题.对于分数阶 Choquard 方程的半经典状态的研究也是一个起步阶段，也是后面要继续研究的课题.

参考文献

[1] CAFFARELLI L A,SALSA S ,SILVESTRE L. Regularity estimates for the solution and the free boundary of the obstacle problem for the fractional Laplacian [J].Inventiones mathematicae,2008,171(2):425-461.

[2] SILVESTRE L.Regularity of the obstacle problem for a fractional power of the Laplace operator [J]. Communications on pure and applied mathematics,2007,60(1):67-112.

[3] ALBERTI G,BOUCHITTÉ G ,SEPPECHER P. Phase transition with the line-tenstion effect [J].Archive for rational mechanics and analysis,1998, 144:1-46.

[4] SIRE Y, VALDINOCI E. Fractional Laplacian phase transtion and boundary reactions: a geometric inequality and a symmetry result [J]. Journal of functional analysis,2009,256(6):1842-1864.

[5] GUAN Q Y ,MA Z M.Boundary problems for fractional Laplacians [J]. Stochastics and dynamics,2005,593:385-424.

[6] LASKIN N. Fractional quantum mechanics ans lévy path integrals [J]. Physics letters a,2000,A268:4-6.

[7] MANDELBROT B B. The Fractional Geometry of Nature [M]. New York: Freeman,1983.

[8] MANDELBROT B B ,Ness J W V. Fractional brownian motions, fractional noises and applications [J].Siam review,1968,10:422-437.

[9] 郭柏灵,蒲学科,黄凤辉,等. 分数阶偏微分方程及其数值解[M].北京:科学出版社,2011.

[10] SAICHEV A,ZASLAVSKY G M.Fractional kinetic equations: solutions and applications [J].Chaos,1997,7:753-764.

[11] 王术.Sobolev 空间与偏微分方程引论 [M].北京:科学出版社,2009.

[12] NEZZA E D, PALATUCCI G, VALDINOCI E. Hitchiker's guide to the fractional Sobolev space [J]. Bulletin des sciences mathématiques, 2012, 136: 521-573.

[13] BLUMENTHAL R M,GETOOR R K,RAY D B. On the distribution of first hits for the symmetric stable processes [J]. Transactions of the American mathematical society,1961,99:540-554.

[14] GETTOR R K. First passage times for symmetric stable processes in space [J].Transactions of the American mathematical society,1961,101: 75-90.

[15] LASKIN N. Fractional quantum mechanics [J].Physical review e,2000, (9):E62.

[16] CAFFARELLI L,SILVESTRE L. An extension problem related to the fractional Laplacian [J].Communications in partial differential equations, 2007,32:1245-1260.

[17] 陈艳红. 非局部椭圆方程中的变分问题 [D].天津:南开大学,2015.

[18] LIONS P L. On the existence of positive solutions of semilinear elliptic equations [J].Siam review,1982,24:441-467.

[19] GELFAND I M.Some problems in the theory of the quasilinear equations [J].American mathematical society,1963,2:295-381.

[20] JEANJEAN L .On the existence of bounded Palais-Smale sequence and application to a Landesman-Lazer-type problem set on [J].Proceedings of the royal society of edinburgh,1999,129A: 787-809.

[21] BERESTYCKI H,LIONS P. Nonlinear scalar field equations i existence of a ground state [J].Archive for rational mechanics and analysis,1990, 82:90-117.

[22] JEANJEAN L,TANAKA K.A positive solution for a nonlinear Schrödinger equation on [J].Indiana university mathematics journal,2005,54:443-464.

[23] JEANJEAN L,TANAKA K. A remark on least energy solutions in [J]. Proceedings of the American mathematical society,2002,13:2399-2408.

[24] ZHANG J,ZOU W M.The critical case for a Berestycki-Lions theorem [J].Science China mathematics,2014,57(3):541-554.

[25] ZHANG J J, DO O J M, SQUASSINA M. Schrödinger-Poisson systems with a general critical nonlinearity [J]. Communications in contemporary mathematics, published online 2016.

[26] ZHANG J J, ZOU W M. A Berestycki-Lions theorem revisited [J]. Communications in contemporary mathematics, 2012, 14(5): 1250033.

[27] ZHANG J J, ZOU W M. Solutions concentrating around the saddle points of the potential for critical Schrödinger equations [J]. Calculus of variations and partial differential equations, 2015, 54(4): 4119-4142.

[28] 李宝平,曾同才. 二阶非线性 Schrödinger 方程整体弱解的存在性[J].哈尔滨理工大学学报,2009,14(1):96-97.

[29] 李宝平. 具有位势的非线性 Schrödinger 方程解的全局存在性[J].大连交通大学学报,2014,35(4):115-117.

[30] 房艳芹. 几类椭圆系统的解的多重性研究及移动平面法的应用[D].南京:南京师范大学,2015.

[31] BREZIS H, NIRENBERG L. Positive solutions of nonlinear elliptic equations involving critical Sobolev exponents [J]. Communications on pure and applied mathematics, 1983, 36: 437-477.

[32] TAUBES C H. The existence of a non-minimal solution to the SU(2) Yang-Mills-Higgs equations on i, ii [J]. Communications in mathematical physics, 1982, 86: 258, 299.

[33] OH Y G. Existence of semiclassical bound states of nonlinear Schrödinger equations with potentials of the class (v)a [J]. Communications in partial differential equations, 1988, 13: 1499-1519.

[34] KIRCHHOFF G. Mechanik [M]. Leipzig: Teubner, 1883.

[35] CHIPOT M, LOVAT B. Some remarks on nonlocal elliptic and parabolic problems [J]. Nonlinear analysis: theory, methods & applications, 1997, 30: 4619-4627.

[36] LIONS P L. On some questions in boundary value problems of mathematical physics, in proceedings of international symposium on continumm mechanics and partial differential equations [J]. North-holland mathematics studies, 1978: 284-346.

[37] CORRĚA F J S A, FIGEEIREDO G M. On an elliptic equation of p-

Kirchhoff type via variational methods [J]. Bulletin of the Australian mathematical society, 2006, 77: 263-277.

[38] FIGUEIREDO G M, IKOMA N, SANTOS J R. Existence and concentration result for the Kirchhoff type equations with general nonlinearities [J]. Archive for rational mechanics and analysis, 2014, 213: 931-979.

[39] HE Y, LI G. Standing waves for a class of Kirchhoff type problems in involving critical Sobolev exponents [J]. Calculus of variations and partial differential equations, 2015, 54: 3067-3106.

[40] HE X, ZOU W. Existence and concetration behavior of positive solutions for a Kirchhoff equation in [J]. Journal of difference equations, 2012, 252: 1813-1834.

[41] HE X, ZOU W. Infinitely many positive solutions for Kirchhoff type problems [J]. Nonlinear analysis: theory, methods & applications, 2009, 70: 1407-1414.

[42] FISCELLA A, VALDINOCI E. A critical Kirchhoff type problem involving a nonlocal operator [J]. Nonlinear analysis: theory, methods & applications, 2014, 94: 156-170.

[43] AUTUORI G, FISCELLA A, PUCCI P. Stationary Kirchhoff problems invoving a fractional elliptic operator and a critical nonlinearity [J]. Nonlinear analysis: theory, methods & applications, 2015, 125: 699-714.

[44] FIGUEIREDO G M, BISCI G M, SERVADEI R. On a fractional Kirchhoff type equation via Krasnoselskii's genus [J]. Asymptotic analysis, 2015, 94: 347-361.

[45] BISCI G M, VILASI V. On a fractional degenerate Kirchhoff-type problem [J]. Communications in contemporary mathematics, 2017: 1550088, 19(1).

[46] BISCI G M, TULONE F. An existence result for fractional Kirchhoff-type equations [J]. Zeitschrift fur analysis und ihre anwendungen, 2016, 35: 181-197.

[47] XIANG M, ZHANG B, YANG M. A fractional Kirchhoff-type problem in $\mathbb{R}^N$ without the (AR) condition [J]. Complex variables & elliptic equations, 2016, 61(11): 1481-1493.

[48] PUCCI P, XIANG M Q, ZHANG B L. Existence and multiplicity of entire

solutions for fractional p-Kirchhoff equations [J]. Advances in nonlinear analysis: theory, methods & applications, 2016, 5: 27-55.

[49] FRÖHLICH H. Theory of electrical break down in ionic crystal [J]. Proceedings of the royal society, 1937, A (160)(901): 230-241.

[50] FRÖHLICH H. Electrons in lattice fields [J]. Advances in physics, 1954, 3 (11): 325-361.

[51] LIEB E H. Existence and uniqueness of the minimizing solution of Choquard nonlinear equation [J]. Studies in applied mathematics, 1976, 77, 57(2): 93-105.

[52] LIONS P L. The Choquard equation and related questions [J]. Nonlinear analysis: theory, methods & applications, 1980, 4(6): 1063-1072.

[53] LIONS P L. Compactness and topological methods for some nonlinear variational problems of mathematical physics, nonlinear problems: present and future [J]. North-holland mathematics studies, 1982, 2: 17-34.

[54] PEKAR S. Untersuchung über die Elektronentheorie der Kristalle [M]. Berlin: Akademie Verlag, 1954.

[55] MOROZ I M, PENROSE R, TOD P. Spherically-symmetric solutions of the Schrödinger Newton equations [J]. Classical quantum gravity, 1998, 15(9): 2733-2742.

[56] GUZMÁN F S, NA LÓPEZ L A U. Newtonian collapse of scalar field dark matter [J]. Physical review, 2003, D (68): 024023.

[57] GUZMÁN F S, NA LÓPEZ L A U. Evolution of the Schrödinger-Newton system for a self-gravitating scalar field [J]. Physical review, 2004, D (69): 124033.

[58] DONSKER M D, VARADHAN S R S. The polaron problem and large deviations [J]. Physical review, 1981, 77(3): 235-237.

[59] DONSKER M D, VARADHAN S R S. Asymptotics for the polaron [J]. Communications on pure and applied mathematics, 1983, 36(4): 505-528.

[60] BARRIOSA B, COLORADO E, DE PABLO A, et al. On some critical problems for the fractional Laplacian operator [J]. Journal of differential equations, 2012, 252: 6133-6162.

[61] CABRÉ X, TAN J. Positive solutions of nonlinear problems involving the

square root of the Laplacian [J]. Advances in mathematics, 2010, 224: 2052-2093.

[62] TAN J. The Brezis-Nirenberg type problem involving the square root of the Laplacian [J].Calculus of variations and partial differential equations, 2011,42(1):21-41.

[63] BARRIOSA B, COLORADOC E, SERVADEID R. A critical fractional equation with concave-convex power nonlinearities [J]. Annales de l'institut henri poincaré analyse non linéaire,2015,32:875-900.

[64] BISCI G M, RADULESCU V. Ground state solutions of scalar field fractional Schrödinger equation [J]. Calculus of variations and partial differential equations,2015,54:2985-3008.

[65] CHANG X J, WANG Z Q. Nodal and multiple solutions of nonlinear problems involving the fractiona Laplacian [J]. Journal of differential equations,2014,256:2965-2992.

[66] CHEN G, ZHENG Y. Concentration phenomena for fractional nonlinear Schrödinger equations [J].Communications on pure and applied analysis, 2014,13:2359-2376.

[67] TENG K M, HE X M. Ground state solutions for fractional Schrödinger equations with critical Sobolev exponent [J].Communications on pure and applied analysis,2016,16:991-1008.

[68] WEI Y H, SU X F. Multiplicity of solutions for non-local elliptic equations driven by the fractional Laplacian [J].Calculus of variations and partial differential equations,2015,52:95-124.

[69] ZHANG X, ZHANG B L, REPOVS D. Existence and symmetry of solutions for critical fractional Schrödinger equations with bounded potentials [J].Nonlinear analysis: theory, methods & applications, 2016, 142:48-68.

[70] BRÄNDLE C, COLORADO E, SÁNCHEZ U. A concave-convex elliptic problem involving the fractionnal Laplacian [J]. Proceedings of the royal society of edinburgh: section a mathematics, 2013, 143A:39-71.

[71] CHANG X J. Ground state solutions of asymptotically linear fraction Schrödinger equations [J].Journal of mathematical physics, 2013, 54(6:

061504).

[72] CHANG X J, WANG Z Q. Ground state scalar field equations involving a fractional Laplacian with general nonlinearity [J]. Nonlinearity, 2013, 26(2): 479-494.

[73] SECCHI S. On fractional Schrödinger equations in $\mathbb{R}^N$ without the Ambrosetti-Rabinowitz condition [J]. Topological methods in nonlinear analysis, 2016, 47(1): 19-41.

[74] ZHANG J J, DO O J M, SQUASSINA M. Fractional Schrödinger-Poisson systems with a general subcritical or critical nonlinearity [J]. Advanced nonlinear studies, 2016, 16(1): 15-30.

[75] HE X M, ZOU W M. Existence and concentration result for the fractional Schrödinger equations with critical nonlinearities [J]. Calculus of variations and partial differential equations, 2016, 55: 91.

[76] LIONS P L. Symétrie et compacité dans les espaces de Sobolev [J]. Journal of functional analysis, 1982, 49: 315-334.

[77] HUA Y, YU X. On the ground state solution for a critical fractional Laplacian equation [J]. Nonlinear analysis: theory, methods & applications, 2013, 87: 116-125.

[78] FLOER A, WEINSTEIN A. Nonspreading wave packets for the cubic Schrödinger equations with a bounded potential [J]. Journal of functional analysis, 1986, 69: 397-408.

[79] BYEON J. Mountain pass solutions for singularly perturbed nonlinear Dirichlet problems [J]. Journal of differential equations, 2005, 217: 257-281.

[80] DEL PINO M, FELMER P L. Local mountain passes for semilinear elliptic problems in unbounded domains [J]. Calculus of variations and partial differential equations, 1996, 4: 121-137.

[81] NI W M, WEI J C. On the location and profile of spike-layer solutions to semilinear Dirichlet problems [J]. Communications on pure and applied mathematics, 1995, XLVIII: 731-768.

[82] GUI C. Existence of multi-bump solutions for nonlinear Schrödinger equations via variational method [J]. Communications in partial

differential equations, 1996, 21(5, 6): 787-820.

[83] RABINOWITZ P H. On a class of nonlinear Schrödinger equations [J]. Zeitschrift für angewandte mathematik und physik zamp, 1992, 43: 271-291.

[84] BYEON J, JEANJEAN L. Standing waves for nonlinear Schrödinger equations with a general nonlinearity [J]. Archive for rational mechanics and analysis, 2007, 185: 185-200.

[85] BYEON J, ZHANG J, ZOU W. Singular perturbed nonlinear Dirichlet problem involving critical growth [J]. Calculus of variations, 2013, 47: 65-85.

[86] ZHANG J, ZOU W. Solutions concentrating around the sadle points of the potential of critical Schrödinger equations [J]. Calculus of variations, 2015, 54: 4119-4142.

[87] BARTSCH T, PENG S. Solutions concentrating on higher dimensional subsets for singularly perturbed elliptic equation I [J]. Indiana university mathematics journal, 2008, 57(4): 1599-1631.

[88] BARTSCH T, PENG S. Solutions concentrating on higher dimensional subsets for singularly perturbed elliptic equation II [J]. Journal of differential equations, 2010, 248(11): 2746-2767.

[89] BARTSCH T, PENG S. Semiclassical symmetric Schrödinger equations: Existence of solutions concentrating simultaneously on several spheres [J]. Zeitschrift für angewandte mathematik und physik, 2007, 58(5): 778-804.

[90] CAO D, PENG S. Concentration of solutions for the Yamabe problem on half-spaces [J]. Proceedings of the royal society of London a, 2013, 143(1): 73-99.

[91] DÁVILA J, DEL PINO M, WEI J. Concentrating standing waves for the fractional nonlinear Schrödinger equation [J]. Journal of differential equations, 2014, 256(2): 858-892.

[92] ALVES C O, MIYAGAKI O H. Existence and concentration of solution for a class of fractional elliptic equation in $\mathbb{R}^N$ via penalization method [J]. Calculus of variations and partial differential equations, 2015:

1508.03964.
[93] SEOK J. Spike-layer solutions to nonlinear fractional Schrödinger equations with almost optimal nonlinearities [J]. Electron Journal of differential equations,2015,196:1-19.
[94] FALL M M, MAHMOUDI F, VALDINOCI E. Ground states and concentration phenomena for the fractional Schrödinger equations [J]. Nonlinearity,2015,28:1937-1961.
[95] SHANG X D, ZHANG J H. Concentrating solutions of nonlinear fractional Schrödinger equation with potentials [J].Journal of differential equations,2015,258(4):1106-1128.
[96] PUCCI P, SALDI S. Critical stationary Kirchhoff equations in involving nonlocal operators [J].Revista matematica iberoamericana,2016,32:1-22.
[97] AMBROSIO V, ISERNIAR T. A multiplicity result for a fractional Kirchhoff equation in $\mathbb{R}^N$ with a general nonlinearity [J]. Communications in contemporary mathematics,2017 doi:10 1142/S0219199717500547.
[98] LIU Z, SQUASSINA M, ZHANG J.Ground states for fractional Kirchhoff equations with critical nonlinearity in low dimension [J]. Nonlinear differential equations and applications: NoDEA,2017,24:50.
[99] SERVADEI R, VALDINOCI E. The Brezis-Nirenberg result for the fractional Laplacian [J]. Transactions of the american mathematical society,2014,367(1):67-102.
[100] SERVADEI R, VALDINOCI E. A Brezis-Nirenberg result for non-local critical equations in low dimension [J]. Communications on pure and applied analysis,2013,12(6):2445-2464.
[101] SERVADEI R, VALDINOCI E. Fractional Laplacian equations with critical Sobolev exponent [J].Revista matematica complutense,2015,28: 655-676.
[102] FISCELLA A, BISCI G M, SERVADEI R. Bifurcation and multiplicity results for critical nonlocal fractional Laplacian problems [J]. Bulletin des sciences mathematiques,2016,140:14-35.
[103] CLAPP M, SALAZAR D. Positive and sign changing solutions to a nonlinear Choquard equation [J]. Journal of mathematical analysis and

applications,2013,407(1):1-15.

[104] YANG M,ZHANG J J,ZHANG Y.Multi-peak solutions for nonlinear Choquard equation with a general nonlinearity [J].Communications on pure and applied analysis,2017,16(2):493-512.

[105] MOROZ V,SCHAFTINGEN J V.Semi-classical states for the Choquard equation [J]. Calculus of variations and partial differential equations, 2015,52(1-2):199-235.

[106] Yang M B,Zhang J J,Zhang Y M.Multi-peak solutions for nonlinear Choquard equation with a general nonlinearity[J].Communications on pure and applied analysis,2016,4:28-31.

[107] MENZALA G P. On regular solutions of a nonlinear equation of Choquard type [J].Proceedings of the royal society of London a,1980,A (86)(3-4):291-301.

[108] CAO P,WANG J,ZOU W.On the standing waves for nonlinear Hartree equation with confining potential [J]. International journal of mathematics and physics,2012,53(3):23-29.

[109] LIEB E H. Existence and uniqueness of the minimizing solution of Choquard nonlinear equation [J].Studies in applied mathematics,1976, 77,57(2):93-105.

[110] MA L, ZHAO L. Classification of positive solitary solutions of the nonlinear Choquard equation [J]. Archive for rational mechanics and analysis,2010,195(2):455-467.

[111] GAO F, YANG M. On the Brezis-Nirenberg type critical problem for nonlinear Choquard equation [J]. Preprint, https://arxiv org/pdf/1604 00826v3 pdf.

[112] GHIMENTI M,SCHAFTINGEN J V.Nodal solutions for the Choquard equation [J].Preprint,http://arxiv org/pdf/1503 06031v2 pdf.

[113] SHEN Z, GAO F, YANG M. Ground states for nonlinear fractional Choquard equations with general nonlinearities [J]. Mathematical methods in the applied sciences,2016,39(14):4082-4098.

[114] CHEN Y,LIU C.Ground state solutions for non-autonomous fractional Choquard equations [J].Nonlinearity,2016,29:1827-1842.

[115] DAVENIA P, SICILIANO G, SQUASSINA M. On fractional Choquard equations [J]. Mathematical models & methods in applied sciences, 2015, 25: 1447-1476.

[116] MUKHERJEE T, SREENADH K. Existence and multiplicity results for Brezis-Nirenberg type fractional Choquard equation [J]. ArXiv: 1605 06805v1.

[117] MA P, ZHANG J H. Symmetry and nonexistence of positive solutions for fractional Choquard equations [J]. Applied mathematics letters, 2003, 16: 243-248.

[118] LIU Y, LIU Z, OUYANG Z. Multiplicity results for the Kirchhoff type equations with critical growth [J]. Applied mathematics letters, 2017, 63: 118-123.

[119] COTSIOLIS A, TAVOULARIS N K. Best constants for Sobolev inequalities for higher order fractional derivatives [J]. Journal of mathematical analysis and applications, 2004, 295: 225-236.

[120] WILLEM M. Minimax theorems [M]. Boston: Birkhäuser, 1996.

[121] SECCHI S. Ground state solutions for nonlinear fractional Schrödinger equations in $\mathbb{R}^N$ [J]. International journal of mathematics and physics, 2013, 54(031501).

[122] JIN T L, LI Y Y, XIONG J G. On a fractional Nirenberg problem, part i: blow up analysis and compactness of solutions [J]. Journal of the european mathematical society, 2014, 616: 1237-1262.

[123] CERAMI G, FORTUNATO D, STRUWE M. Bifurcation and multiplicity results for nonlinear elliptic problems involving critical Sobolev exponents [J]. Annales de l'institut henri poincaré analyse non linéaire, 1984, 1: 341-350.

[124] SERVADEI R, VALDINOCI E. Mountain pass solutions for non-local elliptic operators [J]. Journal of mathematical analysis and applications, 2012, 389: 887-898.

[125] SERVADEI A F R, VALDINOCI E. Denisity properties for fractional Sobolev space [J]. Annales academiae scientiarum fennicae-mathematica, 2015, 40: 235-253.

[126] PALATUCCI G, PISANTE E. *Improved Sobolev embeddings, profile* decomposition, and concentration-compactness for fractional Sobolev spaces [J]. Calculus of variations and partial differential equations, 2014, 50(3-4): 799-829.

[127] BYEON J, ZHANG J J, ZOU W M. Singularly perturbed nonlinear Dirichlet problems involving critical growth [J]. Calculus of variations and partial differential equations, 2013, 47: 65-85.

[128] SERVADEI R, VALDINOCI E. Variational methods for non-local operators of elliptic type [J]. Discrete and continuous dynamical systems, 2013, 33(5): 2015-2137.

[129] LIEB E H, LOSS M. Graduate studies in mathematics: analysis [M]. London: american Mathematical Society, 2001.

[130] LIU X Q, W Z-Q, LIU J Q. Ground states for quasilinear Schrödinger equationns with critical growth n [J]. Calculus of variations and partial differential equations, 2013, 46(3-4): 641-669.

[131] SHEN Z, GAO F, YANG M. Ground states for nonlinear fractional Choquard equations with general nonlinearities [J]. Mathematical methods in the applied sciences, 2016, 39(4): 4082-4098.